【看見未來新趨勢】

　　美國矽谷公司產業蓬勃發展，Google、臉書、Apple 等科 產業大躍進，對於程式設計的軟體工程師，急招大量人才，大數據、雲端、物聯網、App 等科技產業蓄勢待發，各國也紛紛調整教育政策，愛沙尼亞推出「程式老虎」計畫小學生運用 Scratch 設計自己的小遊戲，英國 2014 年正式將程式納入義務教育，美國紐約市耗資 8100 萬美金，將軟體、程式等電腦科學教育須在十年之內普及到全市所有公共學校之中。美國前總統歐巴馬、英國首相卡麥隆、新加坡總理李顯龍等政要，科技巨擘微軟比爾蓋茲、臉書創辦人祖克伯都呼籲「全民學程式」，強調發展程式教育的重要性、未來許多工作機會將被軟體取代。

【台灣 107 年資訊課綱】

　　台灣正進行資訊課程的變革，107 年資訊科技課程，以運算思維為主軸，透過電腦科學相關知能的學習，培養邏輯思考、系統化思考等運算思維，並藉由資訊科技之設計與實作，增進運算思維的應用能力、解決問題能力、團隊合作以及創新思考。

【Kodu 程式教育】

　　Kodu 是微軟公司設計一套視覺化物件導向程式設計語言，即使沒有程式設計的基礎也能獨自創造屬於自己的 3D 遊戲。Kodu 利用直覺式的圖示來操作以及修改角色及物件的各式屬性，能夠建立 3D 虛擬世界多樣化的遊戲範例。

【使用說明】

　　本書所有教學實例操作步驟，皆已製作教學錄影檔，提供學習者使用，建議先觀看教學錄影檔，了解整個操作流程後，再依書本步驟進行練習。

呂聰賢

目錄

主題 1 Kodu 體驗趣

- **1-1 認識 Kodu** 2
  - 1-1.1 Kodu 簡介 2
  - 1-1.2 下載與安裝 Kodu 2
  - 1-1.3 設定工作環境 3
- **1-2 操作環境介紹** 4
  - 1-2.1 啟動 Kodu 4
  - 1-2.2 操作環境說明 5
- **1-3 建立新遊戲** 6
  - 1-3.1 新世界 6
  - 1-3.2 旋轉角色 8
  - 1-3.3 調整高度 8
- **1-4 Kodu 移動程式** 9
  - 1-4.1 (當 WHEN) 發生什麼事件 9
  - 1-4.2 (執行 DO) 動作 11
  - 1-4.3 執行遊戲 11
- **1-5 Kodu 新體驗－射擊遊戲** 12
  - 1-5.1 加入飛魚角色 12
  - 1-5.2 設定空白鍵事件 14
  - 1-5.3 執行發射星光彈 15
  - 1-5.4 儲存及匯出檔案 17
- **主題 1 課後練習** 19

主題 2 單車漫遊

- **2-1 調整不同視角** 22
  - 2-1.1 單輪車角色 22
  - 2-1.2 移動攝影機 23
- **2-2 圓形場景** 24
  - 2-2.1 地面刷具 24
  - 2-2.2 設定土地厚度 26
  - 2-2.3 改變場景色系 27
- **2-3 增加角色** 28
  - 2-3.1 可愛小屋 28
  - 2-3.2 火星漫遊車 29
- **2-4 角色四種移動方式** 30
  - 2-4.1 鍵盤移動 - 火星漫遊車 30
  - 2-4.2 隨意漫遊 - 單輪車 32
  - 2-4.3 Kodu 自動朝小屋移動 33
  - 2-4.4 沿路徑移動 - 飛魚 35
- **2-5 贏得遊戲設定** 37
  - 2-5.1 當 Kodu 到達小屋 37
  - 2-5.2 設定結束遊戲 38
  - 2-5.3 存檔及匯出 39
- **主題 2 課後練習** 40

主題  極速競技

3-1	競技場製作	42
	3-1.1 製作ㄇ型場地	42
	3-1.2 升高地域	44
	3-1.3 繪製終點線	45
3-2	角色製作	46
	3-2.1 主角獨輪車	46
	3-2.2 觀眾飛船	47
3-3	繪製競賽路線	48
	3-3.1 綠色路徑	48
	3-3.2 藍色路徑	49
3-4	程式編排	49
	3-4.1 綠車走綠色路徑前進	49
	3-4.2 複製程式碼	51
	3-4.3 紅色單輪車鍵盤移動	52
	3-4.4 變更設定 - 速度調整	54
3-5	遊戲輸贏設定	55
	3-5.1 綠車先到終點遊戲輸了	55
	3-5.2 紅車先到終點贏得遊戲	57
	3-5.3 改變攝影機視角	58
主題 3 課後練習		**60**

主題  即刻救援

4-1	設計場景	62
	4-1.1 開啟舊檔	62
	4-1.2 方形直線刷具	63
	4-1.3 製作圍牆	64
4-2	角色安排	65
	4-2.1 主角 - Kodu	65
	4-2.2 單輪車 - 可創造性	66
	4-2.3 砲台 - 創造單輪車	67
	4-2.4 繪製路徑	68
4-3	程式設計	68
	4-3.1 藍色 Brodu 說話	68
	4-3.2 敵人單輪車	71
	4-3.3 設計第 2 頁命令	72
	4-3.4 砲台 - 程式範例	74
	4-3.5 複製整頁程式碼	76
4-4	主角 Kodu 程式設計	77
	4-4.1 表達情緒 3 秒鐘	77
	4-4.2 第 2 頁程式碼	78
	4-4.3 輸贏設定	79
主題 4 課後練習		**80**

目錄

主題 5 決戰世界

- **5-1 設計場景** 82
  - 5-1.1 關閉指南針 82
  - 5-1.2 擴大場景 83
  - 5-1.3 隆起小山丘 83
  - 5-1.4 增加土地厚度 84
- **5-2 安排角色** 85
  - 5-2.1 大魔王 Kodu 85
  - 5-2.2 發射的岩石 86
  - 5-2.3 可創造性 86
  - 5-2.4 主角單輪車 87
- **5-3 程式設計** 88
  - 5-3.1 主角單輪車 88
  - 5-3.2 發射的岩石 89
  - 5-3.3 大魔王 Kodu 89
  - 5-3.4 開始玩遊戲 90
- **5-4 計分遊戲** 91
  - 5-4.1 開啟範例檔 91
  - 5-4.2 吃蘋果 92
  - 5-4.3 內縮程式碼 92
  - 5-4.4 當分數到達 5 分時 93
  - 5-4.5 當分數到達 10 分時 94
- **5-5 遊戲使用說明** 95
  - 5-5.1 儲存遊戲使用說明 95
  - 5-5.2 【世界說明】 96
- **5-6 遊戲整體環境** 97
- **5-7 角色功能調整** 99
- **主題 5 課後練習** 102

主題 6 魔王對戰

- **6-1 設計場景** 104
  - 6-1.1 刷繪場景 104
  - 6-1.2 新增圍牆 105
  - 6-1.3 升高圍牆 106
- **6-2 安排角色** 107
  - 6-2.1 飛魚主角 107
  - 6-2.2 敵方城堡 107
  - 6-2.3 可創造性 108
  - 6-2.4 小塔砲台 109
  - 6-2.5 碰撞的冰球 110
  - 6-2.6 空中裁判飛船 111
- **6-3 程式設計** 112
  - 6-3.1 飛魚左右移動 112
  - 6-3.2 黑色砲台啟動冰球 113
  - 6-3.3 城堡創建冰球 114
  - 6-3.4 紅色小塔砲台 115
  - 6-3.5 空中裁判飛船 116
  - 6-3.6 固定攝影機角度 117
- **主題 6 課後練習** 118

主題  跳躍闖關

主題  瞬間移動

7-1 設計場景	120
7-1.1 圓形場景	120
7-1.2 半圓形做法	121
7-1.3 小圓形製作	122
7-1.4 變更材質	122
7-1.5 上半部小圓	124
7-1.6 升高厚度	124
7-1.7 填注水區	126

7-2 安排角色	127
7-2.1 主角單輪車	127
7-2.2 能量愛心	128
7-2.3 獲勝金幣	129

7-3 程式設計	130
7-3.1 發光的愛心	130
7-3.2 獲勝的金幣	131
7-3.3 主角單輪車	132
7-3.4 開始玩遊戲	133

主題 7 課後練習　135

8-1 設計場景	138
8-1.1 製作山丘	138
8-1.2 粗糙化地形	139
8-1.3 水工具應用	140
8-1.4 調整天色	141

8-2 安排角色	142
8-2.1 顯示資源狀態	142
8-2.2 主角 - Kodu	142
8-2.3 敵人 - 四腳機器人	143
8-2.4 得分 - 金幣	144
8-2.5 陪襯 - 角色	145
8-2.6 水中 - 角色	146

8-3 程式設計	147
8-3.1 主角 - Kodu1	147
8-3.2 視角跟隨	148
8-3.3 碰金幣得 1 分	149
8-3.4 吃掉金幣	149
8-3.5 得 5 分時 Kodu1 消失	150
8-3.6 睡蓮 - 創造出 Kodu2	150
8-3.7 敵人 - 四腳機器人	151
8-3.8 分身 Kodu2 音樂	151

8-4 執行程式	153
8-4.1 測試遊戲	153
8-4.2 調整 Kodu1 速度	154
8-4.3 增加敵人	155

主題 8 課後練習　156

目錄

主題 9 擂台挑戰

9-1 範例觀摩 158
    9-1.1 Kodu 社群網站 158
    9-1.2 列印角色程式碼 159

9-2 設計場景 161
    9-2.1 四分割場景製作 161
    9-2.2 增加地域厚度 162
    9-2.3 搭建橋樑 163
    9-2.4 新增花朵 165
    9-2.5 關閉玻璃牆 166

9-3 安排角色 167
    9-3.1 主角 - 單輪車 167
    9-3.2 顯示生命值 168
    9-3.3 關卡 1- 章魚 169
    9-3.4 關卡 2- 飛魚 169
    9-3.5 能源蘋果 170
    9-3.6 岩石角色 171
    9-3.7 終點小屋 171

9-4 程式設計 172
    9-4.1 發射星光彈的章魚 172
    9-4.2 漫遊的飛魚 173
    9-4.3 創造單輪車的岩石 174
    9-4.4 闖關的單輪車 175
    9-4.5 終點小屋遊戲結束 176

主題 9 課後練習 177

主題 10 森林城市

10-1 森林城市 180
    10-1.1 鬼火漫遊 180
    10-1.2 飛碟漫游 181
    10-1.3 主角噴射機 182

10-2 警示聲響 183
    10-2.1 漫遊的單輪車 183
    10-2.2 主角 Kodu 184

10-3 瞬間移動 185
    10-3.1 瞬間移動的單輪車 185
    10-3.2 紅色砲台創造單輪車 186
    10-3.3 藍色砲台讓單輪車消失 187
    10-3.4 綠色砲台創造單輪車 187
    10-3.5 開始玩遊戲 188

10-4 夜行戰士 189
    10-4.1 變更黑夜模式 189
    10-4.2 遊戲開場說明 190
    10-4.3 人造衛星程式碼 191
    10-4.4 敵人水雷 192
    10-4.5 漂移的鬼火 193
    10-4.6 熱汽球創造水雷 195

主題 10 課後練習 196

主題 1 Kodu 體驗趣

遊戲說明

遊戲開始時，玩家使用方向鍵，控制 Kodu 移動，按空白鍵發射星光彈，射擊飛魚。

學習重點

1. 認識 Kodu 3D 遊戲設計軟體
2. 認識 Kodu 工作環境
3. 學習編排程式設計
4. 學習方向鍵控制 Kodu 移動
5. 學習 When 當發生什麼事件 Do 執行動作
6. 學習存檔及匯出遊戲

範例練習

光碟 \ 範例檔 \ch01\ 射擊遊戲

1-1 認識 Kodu

　　Kodu 是微軟公司開發的 3D 立體遊戲設計軟體，在輕鬆、好玩、有趣的情境下，學習程式設計，你可以使用 Kodu 創造在個人電腦 PC 及 XBOX360 的遊戲。

1-1.1 Kodu 簡介

Kodu 是一種可視化編程工具，Kodu 的編程模型是簡化的，可以使用遊戲控制器、鍵盤、滑鼠的組合進行編程，設計遊戲提供了大量選項，提供現成遊戲世界中的功能效果，各種不同的角色、依照遊戲的腳本進行組合，有許多不同類型的遊戲可在 Kodu 進行，如賽車、策略、RPG 遊戲、冒險、平台、益智、第一人稱射擊遊戲。

Kodu 的操作介面簡單直觀，由設計遊戲學習程式設計的邏輯概念，Kodu 是你的最佳選擇，試試看，你一定會從中得到許多樂趣。

- Kodu 簡單的視覺化編程語言創建 PC 和 Xbox 上的遊戲。
- Kodu 是教創造力、解決問題、講故事，以及編程的一大利器。
- Kodu 設計遊戲不需具備程式語言的能力。

1-1.2 下載與安裝 Kodu

Kodu 在 Windows 環境下執行，可以免費自由下載。

❶ 下載網址【www.kodugamelab.com】
❷ 點選左上角【Get Kodu】

Kodu 體驗趣 主題 1

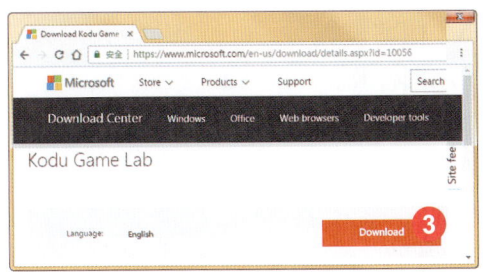

❸ 開啟至 Microsoft 的下載中心的 Kodu Game Lab 點選【Download】

關主說：

下載頁面語言只有 English，但安裝時，會偵測使用作業系統，轉換語系，就會顯示繁體中文

❹ 下載完成安裝時，會出現【繁體中文】

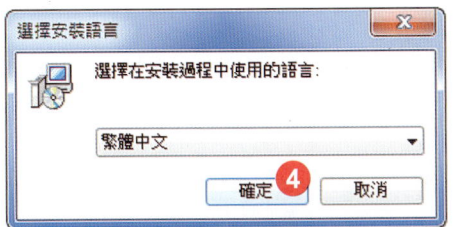

1-1.3 設定工作環境

Kodu 安裝後，桌面會有二個 Kodu 圖示，請先點選灰色的 Kodu 設定工作環境。

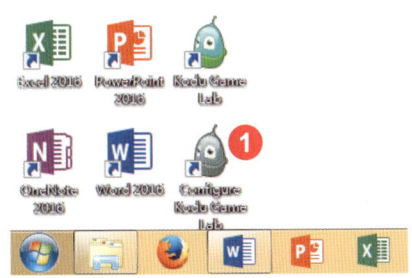

❶ 點選桌面上的
Kodu 安裝完成後，桌面會有二個 Kodu 的程式捷徑圖示

　　Kodu Game Lab
　　Kodu 啟動遊戲主程式

　　Configure Kodu Game Lab
　　Kodu 設定工作環境

❷ 點選  [...] 設定工作資料夾至 C:\kodu 再點選 ok

關主說：

設定儲存檔案的位置，其他選項就不用修改了

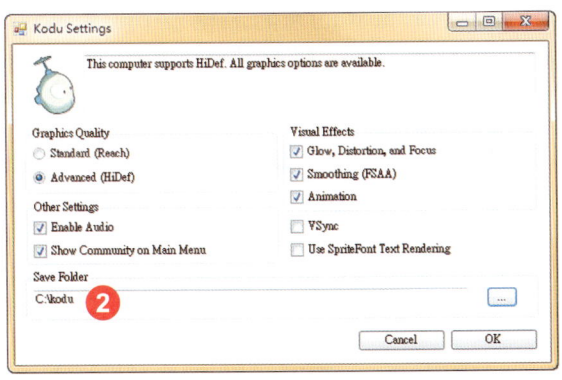

3

1. Graphics Quality 圖像品質	• Standard（Reach）標準畫質
	• Advance（Hidef）進階畫質
2. Visual Effects 視覺效果	• Glow,Distortion,and Focus 光暈、扭曲及焦點顯示
	• Smoothing（FSAA）平滑效果
	• Animation 動畫
3. Other Settings 其他設定	• Enable Audio 啟動音效
	• Show Community Main Menu 顯示社群選單
4. Save Folder 儲存資料夾	• C:\kodu（可自訂位置）

1-2 操作環境介紹

第 1 次啟動 Kodu 程式時，會有歡迎畫面及影片說明，請按【Esc】結束，第 2 次啟動時就不會出現了。

1-2.1 啟動 Kodu

❶ 桌面上點選綠色 ，開啟 Kodu 程式

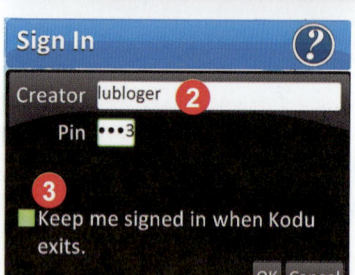

❷ 輸入 Creator 的自訂名稱及 pin 密碼
❸ 勾選 Keep me…再點選 ok

記住登入帳號　　每次都要登入帳號

關主說：

輸入 Creator 後，建立好的遊戲，上傳作品至 Kodu 社群時，就會以這個名稱顯示

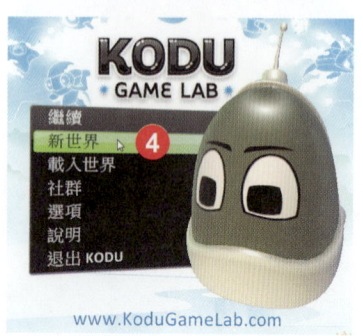

❹ 開啟 Kodu 主選單，點選【新世界】建立新遊戲

關主說：

Kodu 遊戲檔案稱為【新世界】

Kodu 體驗趣　主題 1

主選單的功能畫面說明	
• 繼續	開啟上次的遊戲檔案
• 新世界	建立新的遊戲檔案
• 載入世界	進入本機【我的世界、下載、課程、範例、全部】等
• 社群	進入社群【我的世界、課程、範例、全部】等
• 選項	操作設定、顯示提示、語言、音樂、音量、更新等
• 說明	有 10 頁的 Kodu 英文操作說明
• 退出 Kodu	結束 Kodu 程式

1-2.2 操作環境說明

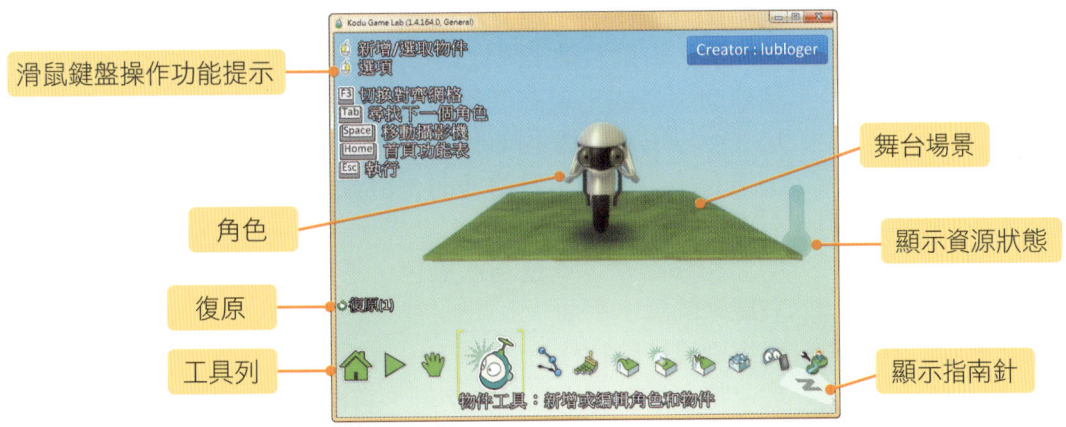

操作介面說明	
滑鼠鍵盤操作功能提示	點選下方工具列按鈕時，在左上角會顯示滑鼠和鍵盤的操作功能提示
角色	物件工具新增或編輯角色和物件，點選時會顯示設定對話框
復原	顯示可復原次數，快速鍵是 Ctrl + Z
工具列	工具列中 12 個功能按鈕
舞台場景	新世界舞台場景是矩形的草地，可以重塑遊戲場景
顯示資源狀態	資源測量儀，顯示在螢幕右側，編輯時會顯示，執行遊戲時會隱藏
顯示指南針	在螢幕右下角，顯示目前的方位，編輯時會顯示，執行遊戲時會隱藏
快速鍵	Esc：執行遊戲、結束遊戲 Space：快速切換為移動攝影機模式 Home：首頁功能表

工具列功能按鈕說明		
圖示	名稱	說明
	首頁功能表	回到首頁功能【播放、編輯、儲存、分享、載入、新檔案、列印、退出主選單】等
	玩遊戲	開始玩遊戲，按 Esc 時回到編輯畫面
	移動攝影機	移動、旋轉、放大、縮小及改變場景視角
	物件工具	新增或編輯角色或物件，例如加入 Kodu 角色及編排程式
	路徑工具	設定角色移動的自訂路徑
	地面刷具	刷色、增加，或刪除地面。多變形狀和不同尺寸的刷子可以在增加大型面積陸地時選擇，同時用於精細的設計中。地區的顏色也可以在很多樣式中選擇
	上／下	創造山丘或山谷，建立小山或是小河流等。滑鼠左鍵來增加陸地高度，滑鼠右鍵來降低選擇的陸地高度
	變形	讓地面平滑或出現高低起伏。左鍵是使其傾斜，不同的形狀及尺寸可以用來創造不同的效果，滑鼠右鍵來填平選擇的陸地
	粗糙化	創造有山尖或是山巒的地面。滑鼠左鍵來使選擇土地增加尖，右鍵來增加陡的程度
	水工具	增加和移除水，或是為水染色。滑鼠左鍵來增加水平面，滑鼠右鍵來降低水平面
	刪除工具	使用刷具清除物件
	變更世界設定	玻璃牆、攝影機模式、指南針、資源狀態、波浪、天空、風量、音樂、音效、按鈕可見性、分數可見性、分數持久性

1-3 建立新遊戲

啟動 Kodu 程式，點選【新世界】建立新的遊戲。

1-3.1 新世界

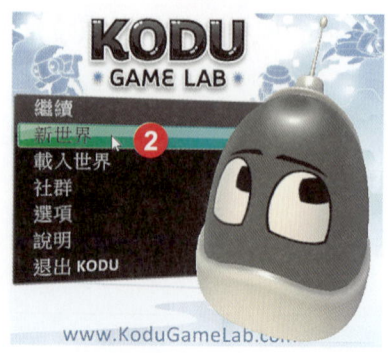

❶ 桌面上點選 ，開啟 Kodu 主選單畫面
❷ 點選【新世界】

 關主說：

Kodu 建立新的遊戲檔案，其名稱就是叫【新世界】

Kodu 體驗趣 主題 1

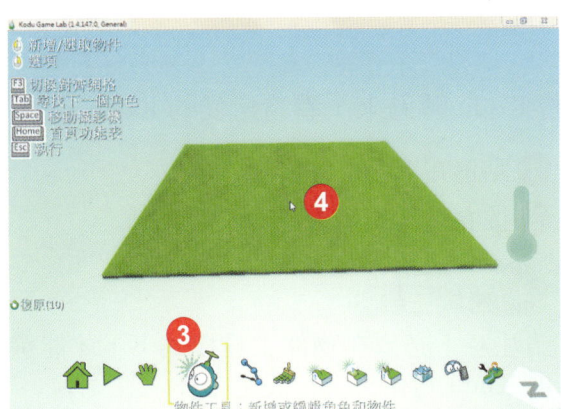

❸ 點選 【物件工具】
❹ 游標在綠色草地上點選一下

關主說：

建立新世界時，預設會有矩形綠色草地的場景

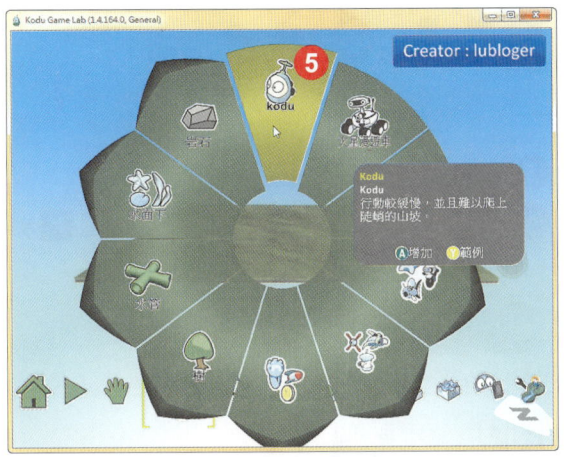

❺ 點選 的 Kodu 角色

關主說：

游標移至 Kodu 角色時，會顯示說明及功能快速鍵【A 增加】、【Y 範例】

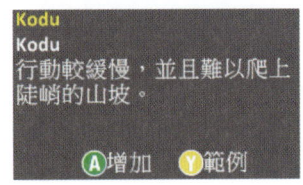

❻ 加入 Kodu 角色
❼ 按 左右方向鍵可以變更顏色【紅色】

關主說：

Kodu 使用者操作介面，設計非常好，在左上角顯示，設定 Kodu 角色的滑鼠及鍵盤設定功能說明

7

1-3.2 旋轉角色

Kodu 是 3D 立體物件，預設是背對我們，將 Kodu 轉過來，看看可愛的 Kodu。

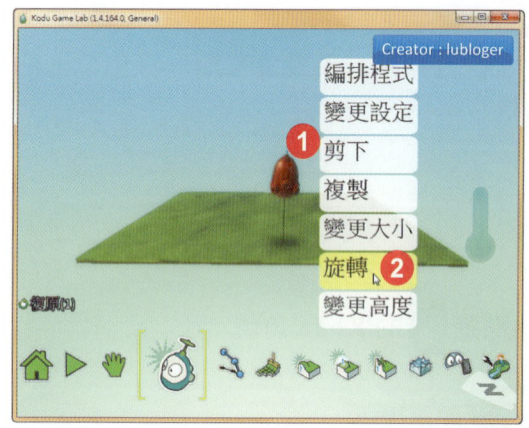

❶ 點選在 Kodu 角色
❷ 按右鍵【旋轉】

請注意！必須在物件工具模式下，才能選取 Kodu 角色，進行設定工作

❸ 拖曳調整旋轉數值至 187 左右
❹ Kodu 的臉就會朝向我們了，點選 ❌ 結束旋轉設定

左上角操作提示，左右方向鍵及 Esc

1-3.3 調整高度

Kodu 角色預設是在草地上空的，任何角色都可以調整【大小、旋轉、高度、顏色】。

❶ 點選在 Kodu 角色
❷ 按右鍵【變更高度】

❸ 拖曳數值往左至 0.78，Kodu 就會降到草地上

高度值 0.78　　　　高度值 3.39

1-4 Kodu 移動程式

1-4.1 (WHEN) 當發生什麼事件

Kodu 程式設計非常直覺化，並且已安排好功能模組，依據遊戲的需求，進行組合就可以快速完成了。

❶ 點選 物件工具

❷ 再點選舞台上的 Kodu，按右鍵【編排程式】

關主說：

必須在物件工具模式下才能編排程式，啟動模式時會有黃色括弧

【物件工具】的啟動模式 (大圖)

【物件工具】的非啟動模式 (小圖)

❸ 點選 WHEN 的 ➕

 WHEN(當) 發生什麼事件時，DO(執行) 什麼動作

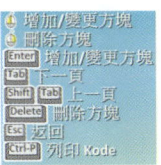 滑鼠鍵盤的操作功能提示

 設定第 2 頁程式碼

Kodu 主題式 3D 遊戲程式設計

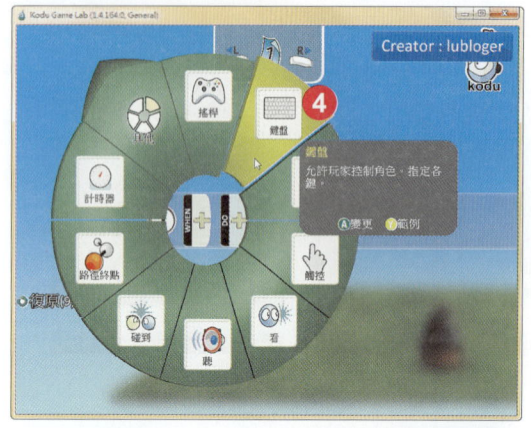

④ 點選 【鍵盤】加入鍵盤事件,再按 Esc 離開

關主說:
WHEN(當)發生什麼事件類別有【搖桿、鍵盤、滑鼠、觸控、看、聽、碰到、路徑終點、計時器、撿取、計分、其他(生命值、擊中、被撿起、在陸上、在水中、總是)】共有 17 種事件可以選擇

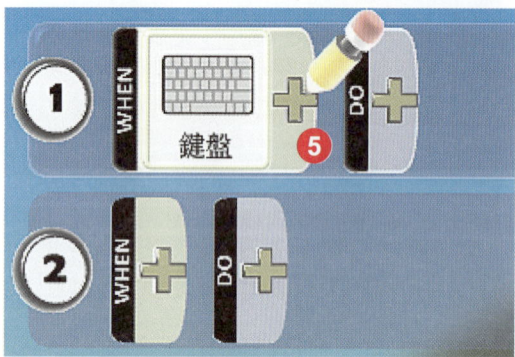

⑤ 再點選

關主說:
請同學試著,按【A】變更、【Y】範例

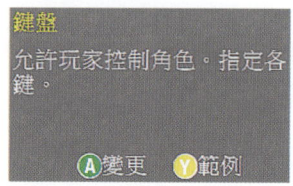

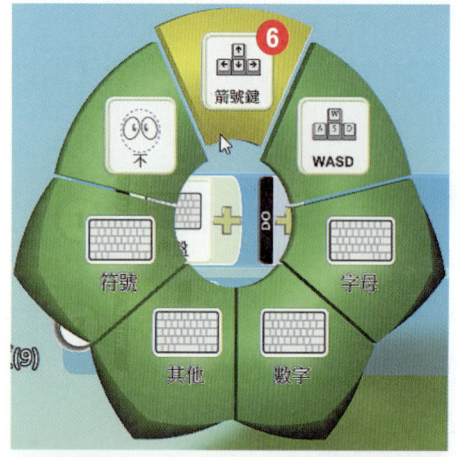

⑥ 點選 【箭號鍵】,再按 Esc 離開

關主說:
開始設定第 1 列程式時,就會自動增加第 2 列程式

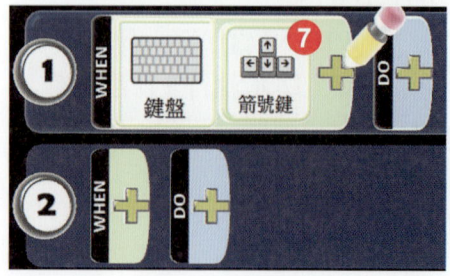

⑦ 完成 WHEN(當)事件宣告
程式說明:

 當操作【鍵盤】的【上、下、左、右】方向鍵時

10

1-4.2（執行DO）動作

WHEN(當)發生什麼事件時，DO(執行)什麼動作，Kodu編排程式非常簡單的流程。

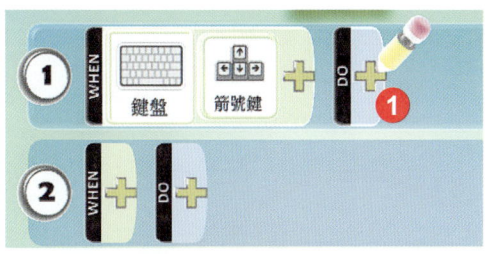

❶ 點選 DO(執行)右側的 ➕

❷ 點選 後，按 Esc 離開

❸ 完成編排程式
程式說明：【當按鍵盤的方向鍵時，Kodu開始移動】按 Esc 離開程式設計畫面

1-4.3 執行遊戲

執行遊戲和結束遊戲的快速鍵都是 Esc，點選玩遊戲按鈕也可以。

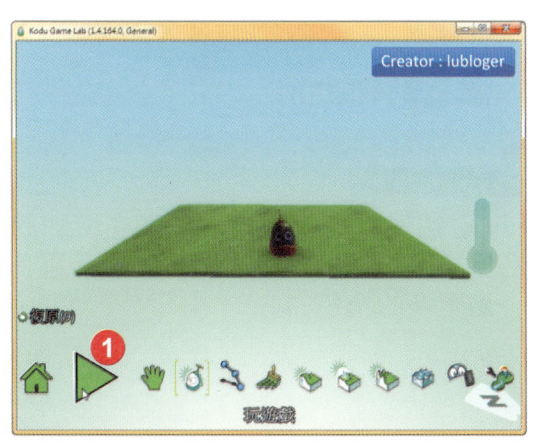

❶ 點選 ▶【玩遊戲】

Kodu 主題式 3D 遊戲程式設計

 進入遊戲執行畫面，請使用方向鍵移動 Kodu

關主說：
按下 Esc 回到編輯畫面

1-5 Kodu 新體驗－射擊遊戲

運用 Kodu 製作射擊遊戲，非常簡單哦！遊戲說明：主角 Kodu 發射星光彈，射擊飛魚。

1-5.1 加入飛魚角色

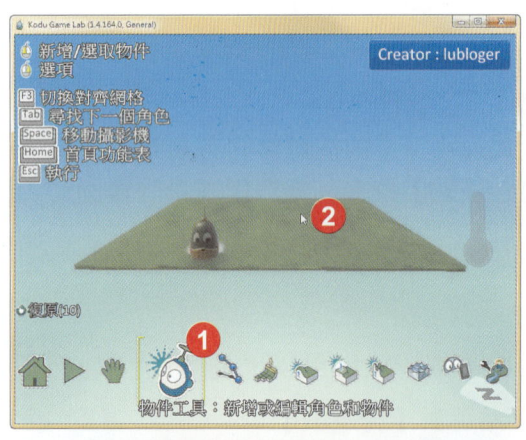

① 點選 【物件工具】才能加入角色及物件
② 在草地上點選一下

 點選 角色類別

關主說：
Kodu 遊戲提供現成的角色，就在環狀的角色圈中選取，若是有 3 個小圖表示還有下一層更多的角色

Kodu 體驗趣 主題 1

④ 選取 【飛魚】角色

【飛魚】會快速盤旋及轉身,動作活潑可愛。
按鍵盤 A 鍵新增
按鍵盤 Y 鍵觀看範例語法

⑤ 點選飛魚,再按右鍵【複製】

按左右方向鍵,可以改變飛魚顏色

⑥ 在草上按右鍵【貼上(飛魚)】,完成 5 個飛魚的複製工作

13

1-5.2 設定空白鍵事件

Kodu 編排程式設計，當按空白鍵時會發射星光彈。

❶ 點選 【物件工具】
❷ 點選在 Kodu，按右鍵【編排程式】

關主說：
必須在物件工具狀態中，才能執行 Kodu 編排程式功能

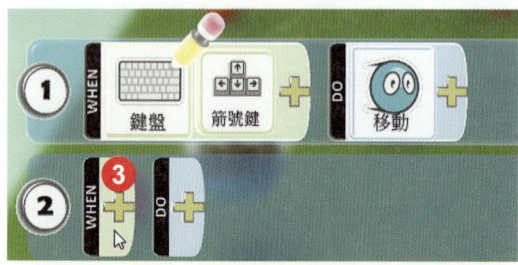

❸ 點選第 2 列程式 WHEN 的 ✚

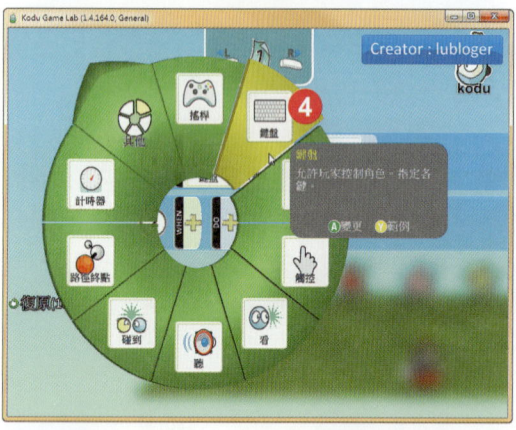

❹ 點選 ⌨ 鍵盤

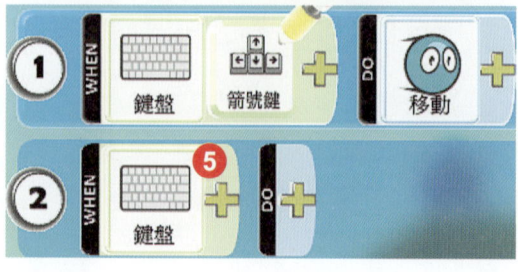

❺ 點選 ⌨ 後面的 ✚

14

Kodu 體驗趣 主題 1

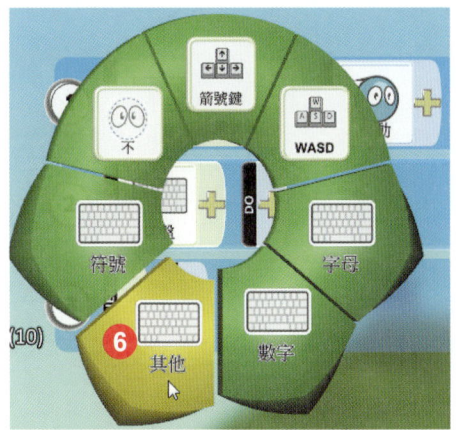

❻ 點選 【其他】按鍵鈕

關主說：

鍵盤上的各種按鍵，請同學找找看在哪裡，若要回上一個階層，請按 Esc 鍵

❼ 選取 □【空格鍵】

1-5.3 執行發射星光彈

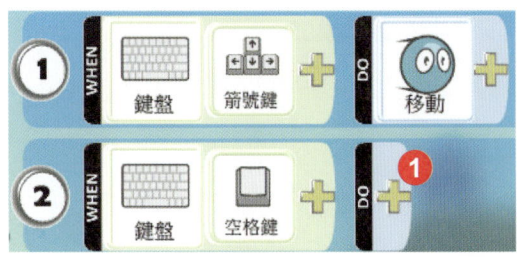

❶ 點選【DO】後面的 ✚

關主說：

Kodu 設定程式主要概念【When...Do】
- When 當發生什事件，Do 執行動作
- When 當按空白鍵時，Do 執行發射星光彈

❷ 選取 【發射】

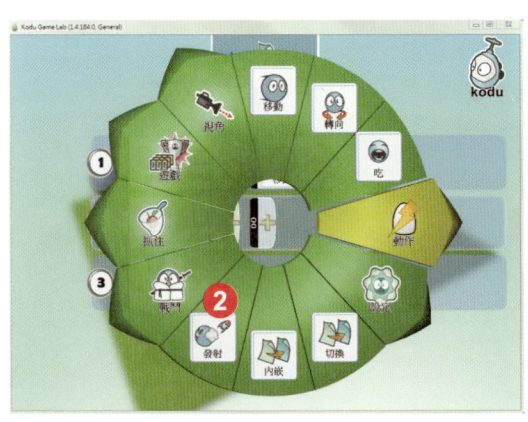

15

Kodu 主題式3D遊戲程式設計

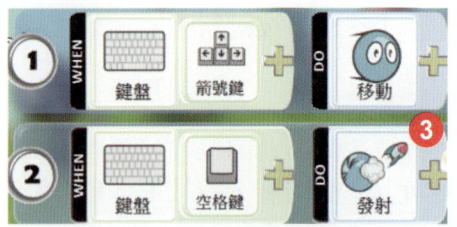

❸ 點選 【發射】右側的 ✚

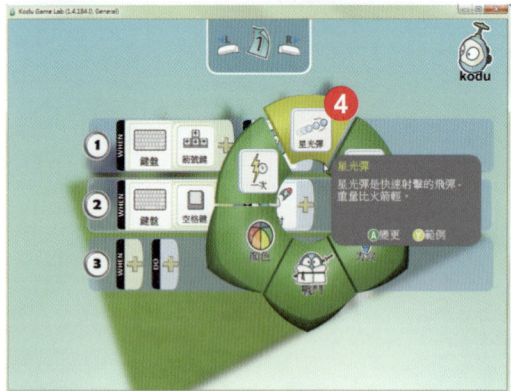

❹ 點選 【星光彈】

關主說：

【星光彈】是快速射擊的飛彈，重量比火箭  輕

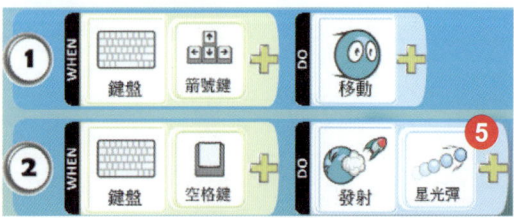

❺ 完成編排程式設計工作，按 Esc 離開程式說明
第 1 列：當操作鍵盤方向鍵時，Kodu 開始移動
第 2 列：當按空白鍵時，Kodu 發射星光彈

❻ 回到主畫面點選 ▶【玩遊戲】

關主說：

按 Esc 回到編輯模式

發射星光彈	擊中飛魚少 1 隻	飛魚少 2 隻	飛魚少 3 隻

16

1-5.4 儲存及匯出檔案

❶ 按 Esc 回到主畫面
❷ 點選 【首頁功能表】

關主說：
先儲存遊戲再匯出檔案，2 個程序，遊戲檔案就可以和同學分享

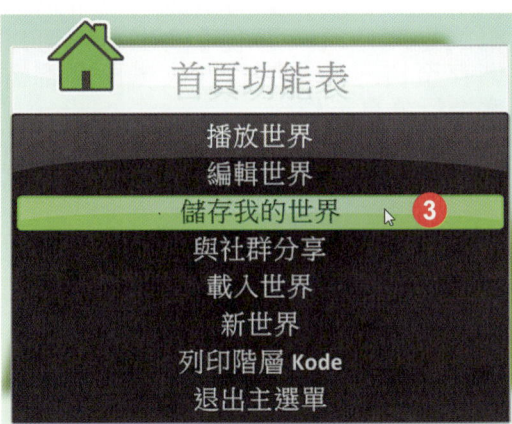

❸ 點選【儲存我的世界】

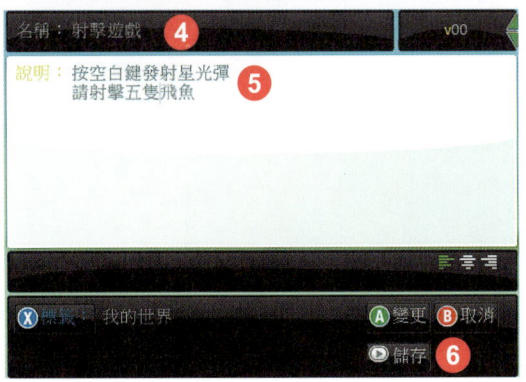

❹ 名稱輸入【射擊遊戲】
❺ 輸入遊戲的使用說明
❻ 點選【儲存】

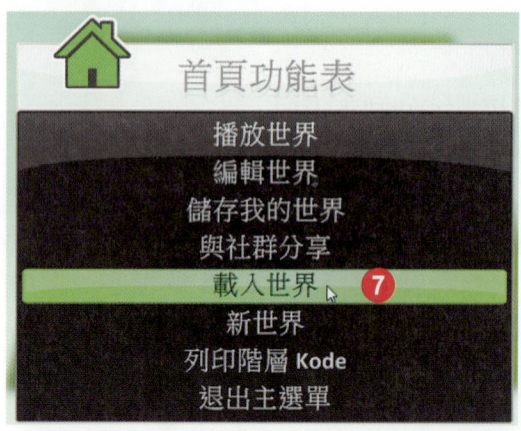

7 再點選 🏠【首頁功能表】點選【載入世界】

8 點選【我的世界】

9 顯示【射擊遊戲】的遊戲,並可以編輯或是開始玩,選取【匯出】則可以儲存至自己的電腦資料夾,再郵寄檔案進行分享工作

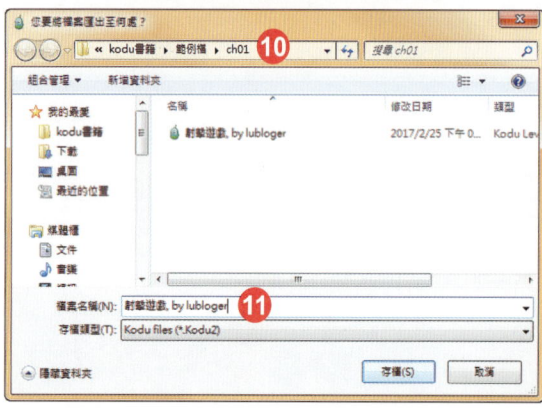

10 指定至 ch01 資料夾

11 檔案名稱顯示【射擊遊戲,by lubloger】點選【存檔】完成

主題 1 課後練習

(　　) 1. 啟動 Kodu 程式應該點選哪個圖示鈕？
　　　　(1) 🟢　　　(2) 🟢　　　(3) 〽️

(　　) 2. Kodu 設計程式主要概念是 When 和什麼呢？
　　　　(1)【Do】　　　(2)【IF】　　　(3)【Array】

(　　) 3. 遊戲設計完成了，要儲存遊戲時，應該點選哪個按鈕？
　　　　(1) ▷　　　(2) ✋　　　(3) 🏠

(　　) 4. 離開遊戲及執行遊戲的快速鍵是哪一個？
　　　　(1)【Esc】　　　(2)【Enter】　　　(3)【Shift】

(　　) 5. 設計 Kodu 遊戲時，要加入角色及物件的按鈕是哪一個？
　　　　(1) 🎮　　　(2) ⏱️　　　(3) 🏠

主題 2 單車漫遊

遊戲說明

遊戲開始時單輪車會自動漫遊移動，飛魚繞圓環移動，按鍵盤方向鍵操作火星漫遊車前進後退等，而 Kodu 會自動朝小屋移動，當碰到小屋時，則遊戲結束顯示 WINNER。

學習重點

1. 學習移動攝影機切換不同視角
2. 學習製作圓形場景及升高土地厚度
3. 學習角色四種移動方式
4. 學習當 Kodu 碰到小屋遊戲結束

範例練習

光碟 \ 範例檔 \ch02\ 單車漫遊

 **Kodu** 主題式 3D 遊戲程式設計

2-1 調整不同視角

　　Kodu 是 3D 立體遊戲設計軟體，因此提供 ✋ 移動攝影機，讓我們可以從不同視角，觀看遊戲畫面，當按鍵盤空白鍵時，也會立刻切換為 ✋ 移動攝影機功能，同學務必要熟悉使用方法。

2-1.1 單輪車角色

【單輪車】速度很快，可以爬上陡峭的山丘，也可以跳躍。

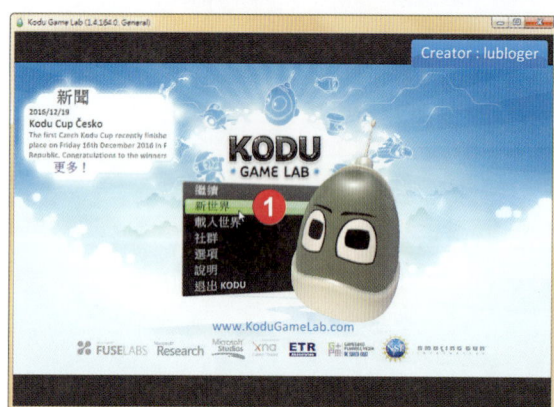

❶ 啟動 Kodu 點選【新世界】

關主說：
【繼續】會開啟上一次編輯的檔案

❷ 點選 🌀
❸ 在草地上點選一下

❹ 點選 🐾 類別

關主說：
若是選錯類別時，請按 Esc 鍵，可以回到上一個階層

22

單車漫遊 主題 2

❺ 點選 【單輪車】

❻ 使用方向鍵將單輪車變成【藍色】
❼ 在單輪車按右鍵變更【大小、旋轉、高度】等

2-1.2 移動攝影機

移動攝影機工具，提供切換不同視角功能，在製作 3D 立體遊戲，是重要的功能。

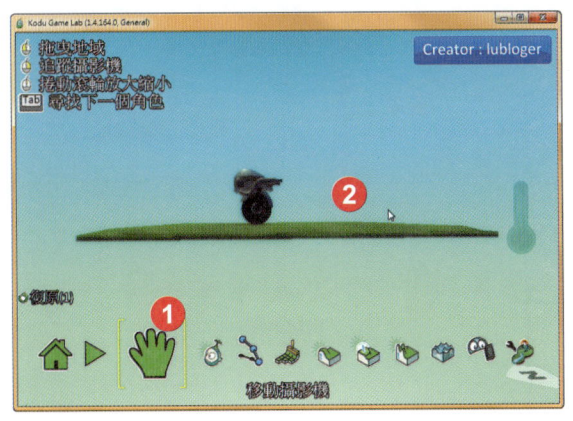

❶ 點選 【移動攝影機】工具
❷ 按滑鼠右鍵往上，改為平視角度

關主說：
左上角有操作提示說明
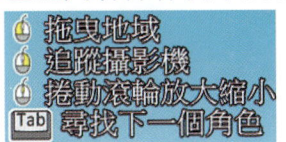

23

【滑鼠右鍵往下】改為俯視角度

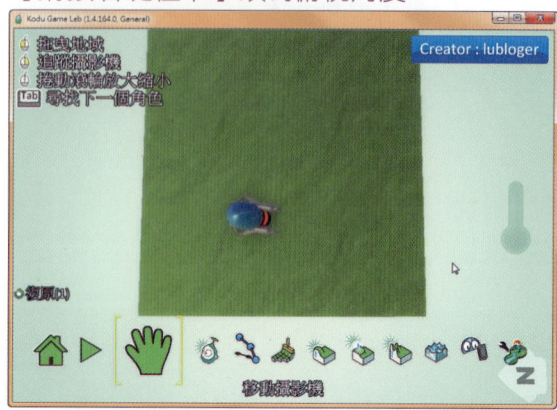

【滑鼠右鍵拖曳】旋轉場景角度

【滑鼠滾輪往前】場景放大顯示

【滑鼠滾輪往後】場景縮小顯示

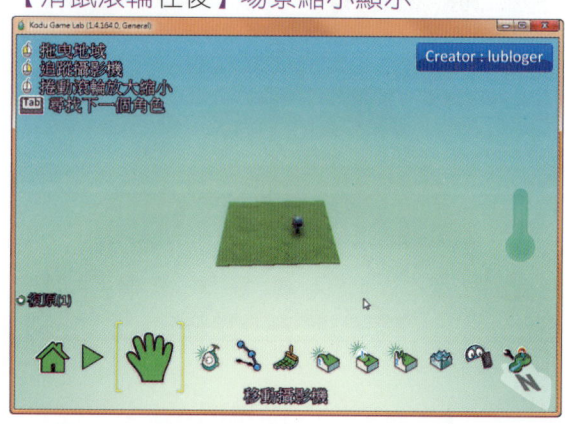

【滑鼠左鍵拖曳】場景往左

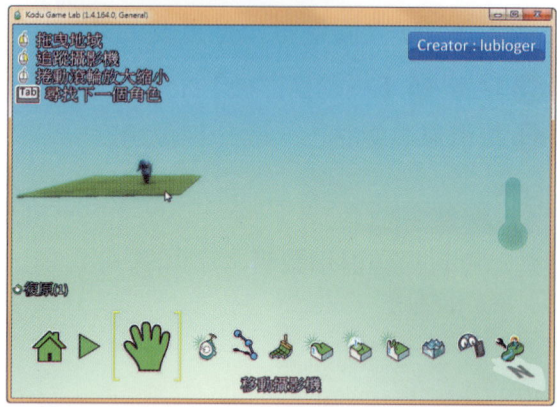

【滑鼠左鍵拖曳】場景往右

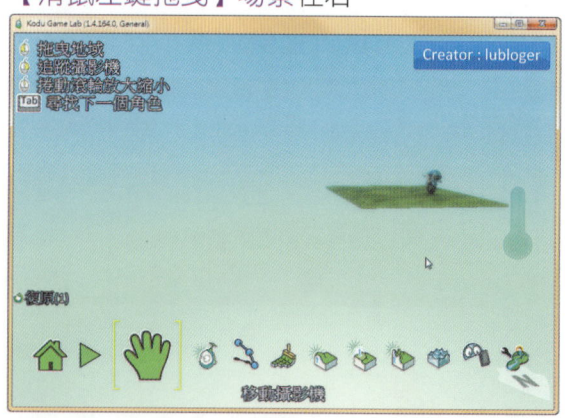

2-2 圓形場景

　　Kodu 的場景預設是正方形，我們可以運用工具進行改變，變成圓形、增加厚度等。

2-2.1 地面刷具

　　地面刷具可以增加、刪除地面及刷色不同材質，擴大或變更場景舞台大小。

單車漫遊 主題 2

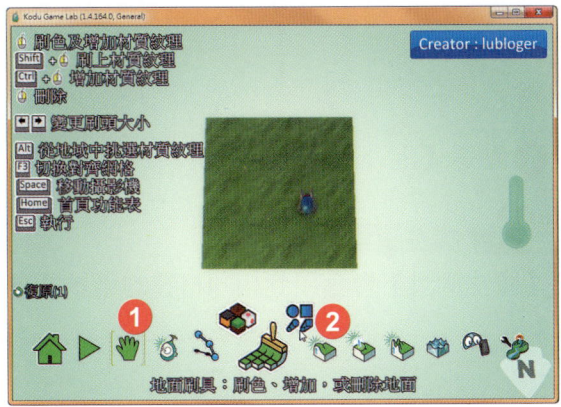

1. 使用【移動攝影機】縮小場景及改為俯視角度
2. 點選【地面刷具】並選形狀選項

關主說：

地面刷具操作說明
滑鼠左鍵：增加場景面積及刷色
滑鼠右鍵：刪除場景面積
Shift+左鍵：刷上材質紋理
Ctrl+左鍵：增加材質紋理
左右方向鍵：變更刷頭大小

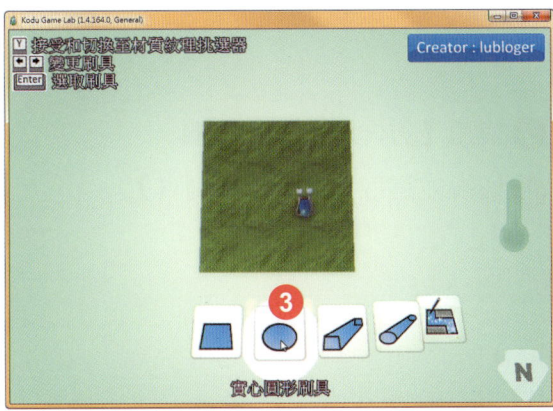

3. 選取【實心圓形刷具】
　→方形刷具
　→實心圓形刷具
　→方形直線刷具
　→實心圓形直線刷具
　→魔法刷具

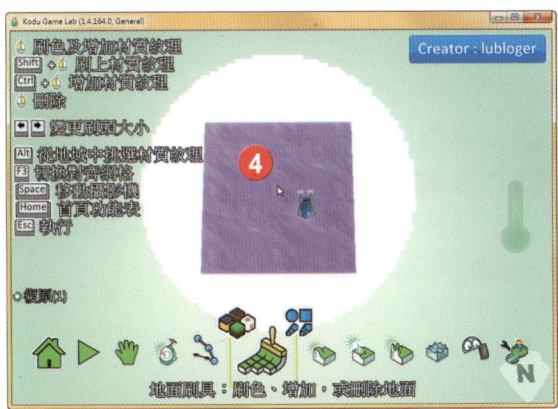

4. 使用方向鍵【變更刷頭大小】

關主說：

白色圓形表示刷頭大小

小刷頭　　　　　大刷頭

 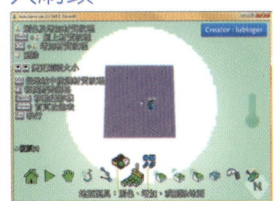

5. 變成圓形場景

關主說：

使用地面刷具的  可以重新改變場景形狀，請同學試試看

2-2.2 設定土地厚度

使用【上/下 】工具可以創造山丘或山谷。

❶ 點選【上/下 】工具，再選取

關主說：
【魔法刷具】會套用到相同材質的場景區域

❷ 使用【方向鍵】變更刷具

❸ 切換並選取 【魔法刷具】

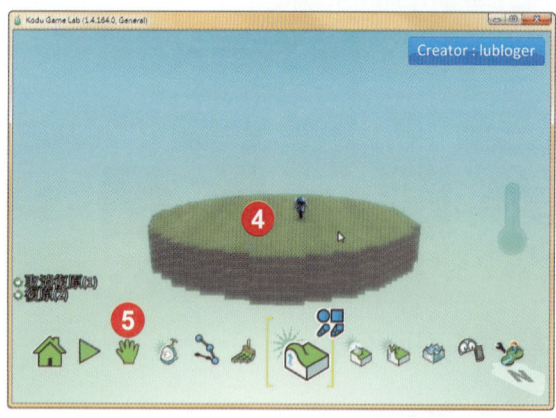

❹ 在綠色草地上按左鍵提高厚度

❺ 點選  改變視角，觀察土地改變的厚度

關主說：
左鍵升高厚度，右鍵降低厚度

2-2.3 改變場景色系

場景不是只有綠色草地而已，運用地面刷具可以改變不同色系的場景。

1. 按 Esc 返回，再點選 【地面刷具】並選 形狀選項 材質紋理鈕

2. 選取 19 號材質
3. 在場景上刷塗

關主說：

左上角的操作提示

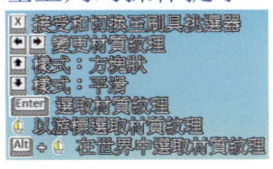

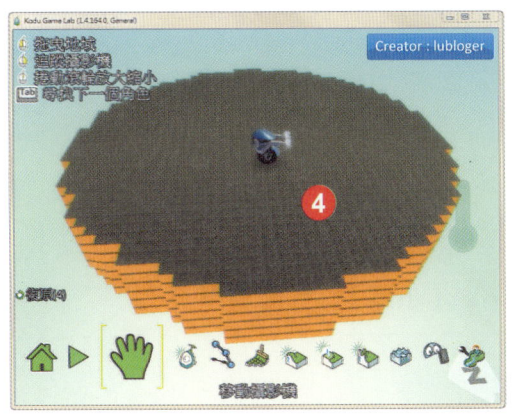

4. 完成變更場景材質紋理

關主說：

使用魔法刷具  改變場景材質紋理最方便，點選一下就全部改好了

2-3 增加角色

Kodu 的角色、物件都是 3D 立體造型，而且具有動畫效果，非常可愛。請注意，不能加入自己設計的動畫角色哦！

2-3.1 可愛小屋

無論什麼樣的遊戲，這些可愛的小屋都是最佳地標。

① 點選【物件工具】
② 在場景上點選一下

關主說：
必須切換至【物件工具】，才能新增或編輯角色

③ 點選 類別物件

關主說：
若是挑錯物件時，請按 Esc 返回上一層

④ 點選【小屋】

關主說：
愛心角色對恢復體力很有用

單車漫遊 主題 2

5 拖曳調整位置，並按右鍵變更【大小、旋轉、高度】等
6 按住 Space 空白鍵切換至 (移動攝影機) 調整視角

關主說：
移動攝影機的快速鍵是 Space 空白鍵，在設計的過程中，常常都會使用到

2-3.2 火星漫遊車

火星漫遊車對火星岩石類型，做特殊動作如射出光束、掃描、檢驗、照相等。

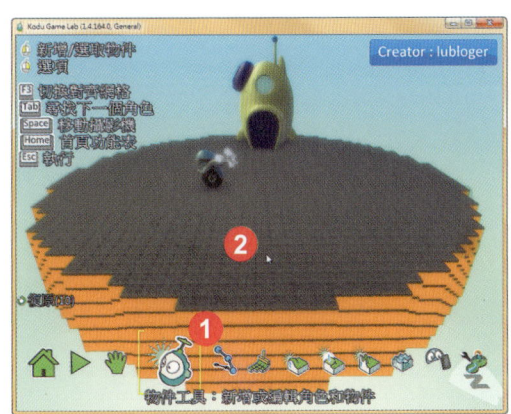

1 點選 【物件工具】
2 在場景上點選一下

關主說：
必須切換至 【物件工具】，才能新增或編輯角色

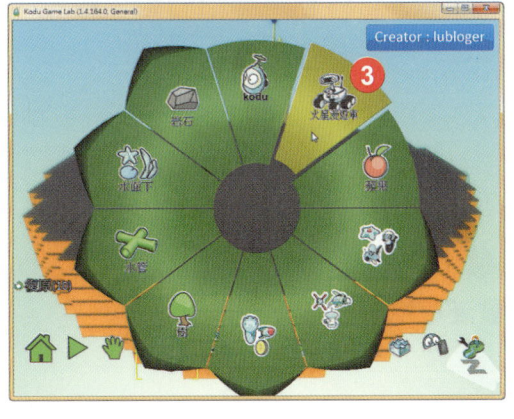

3 點選  【火星漫遊車】

29

Kodu 主題式3D遊戲程式設計

❹ 按右鍵變更【大小、旋轉、高度】和顏色等

❺ 相同方法加入【Kodu、飛魚】

 關主說：
找找看飛魚在哪個類別

2-4 角色四種移動方式

　　Kodu 角色運動有幾種控制方式，【鍵盤移動、隨意移動、朝指向對象移動、沿路徑移動】。

2-4.1 鍵盤移動－火星漫遊車

設定鍵盤的上下左右方向鍵，操控火星漫遊車的行進方向。

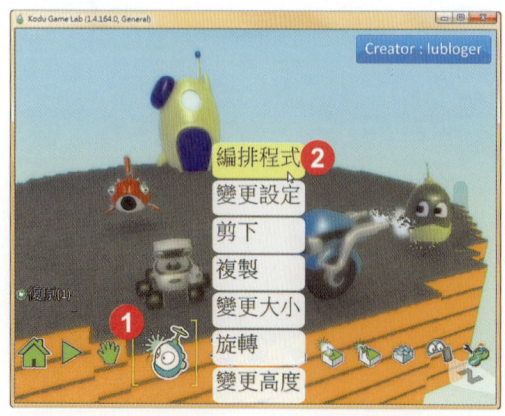

❶ 點選 【物件工具】
❷ 在火星漫遊車按右鍵【編排程式】

30

單車漫遊 主題 2

❸ 點選 WHEN 右側的 ➕

🧑‍🏫 關主說：
WHEN、DO 是 Kodu 程式編輯的基本概念
WHEN 是指發生什麼事件時
DO 執行什麼動作

❹ 點選 ⌨️ 鍵盤

🧑‍🏫 關主說：
一般的鍵盤有 101 個按鍵左右哦！

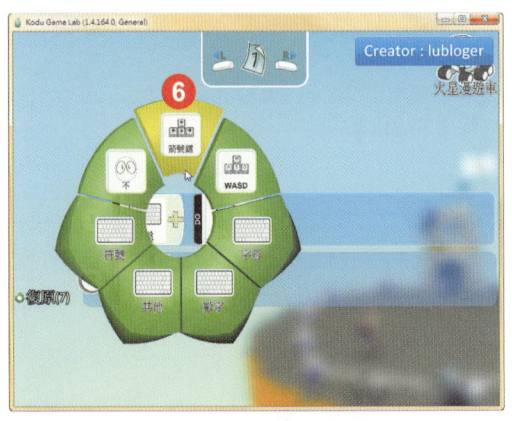

❺ 點選 ⌨️ 鍵盤右側的 ➕

❻ 點選 箭號鍵

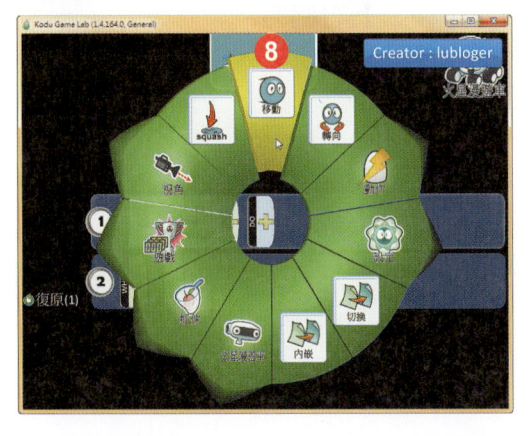

❼ 點選 DO 右側的 ➕

❽ 選取 👀 移動

Kodu 主題式3D遊戲程式設計

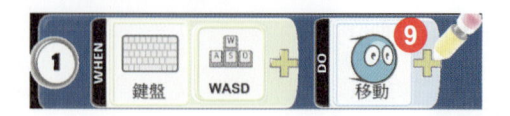

9 完成程式編輯

> 關主說：
> 按鍵盤的方向鍵，控制火星漫遊車移動

2-4.2 隨意漫遊 - 單輪車

單輪車隨意在場景中移動，沒有固定的方向。

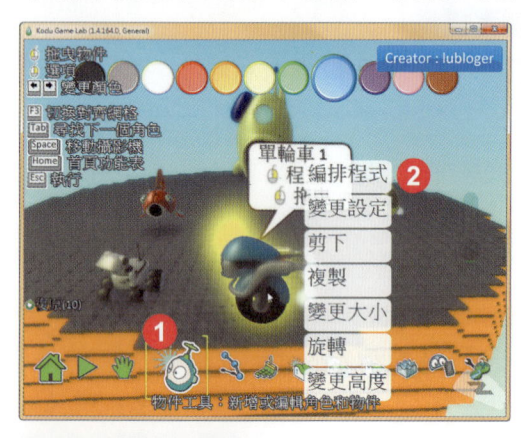

1 點選 【物件工具】

2 在單輪車按右鍵【編排程式】

> 關主說：
> 要設定角色任何動作，都必須先點選 【物件工具】哦！

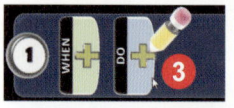

3 點選 DO 後面的 ➕

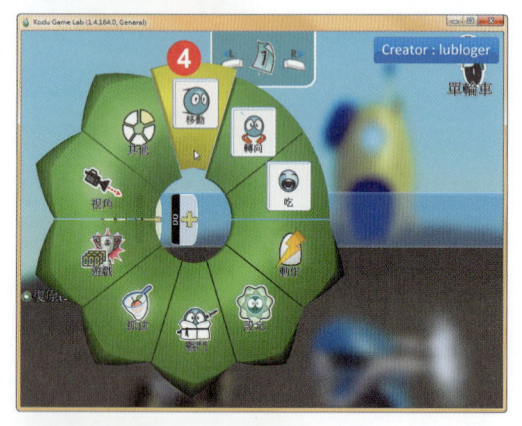

4 選取 【移動】

> 關主說：
> 如果 WHEN 沒有加任何程式積木時，表示程式會自動執行 DO 後面的動作指令

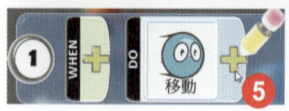

5 點選 【移動】右側的 ➕

❻ 選取 【漫遊】

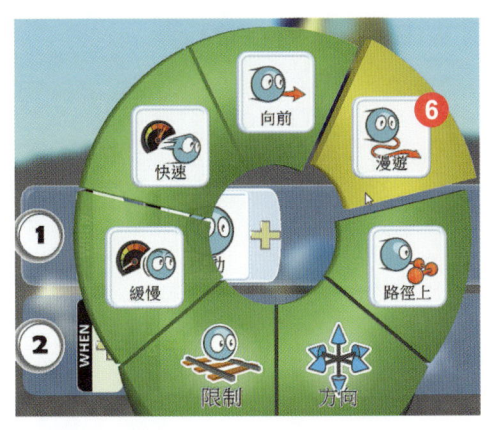

❼ 完成單輪車的隨意漫遊程式

關主說：

WHEN 沒有任何程式積木，表示不需要任何事件，程式啟動時，就執行【移動＋漫遊】程式

❽ 點選 ▶【玩遊戲】

2-4.3 Kodu 自動朝小屋移動

Kodu 看到小屋時，會自動朝小屋移動。

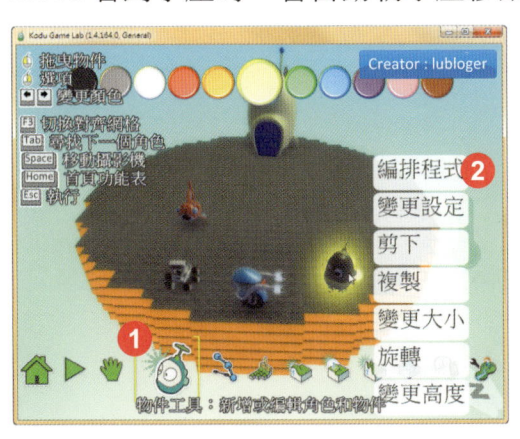

❶ 點選 【物件工具】
❷ 點選在 Kodu 按右鍵【編排程式】

33

Kodu 主題式 3D 遊戲程式設計

3 點選 WHEN(當) 右側的 ➕

4 點選 👀 看

5 點選 👀 右側的 ➕

6 點選 類別

7 點選 🏠 小屋

8 點選 DO 右側的 ➕

34

單車漫遊 主題 2

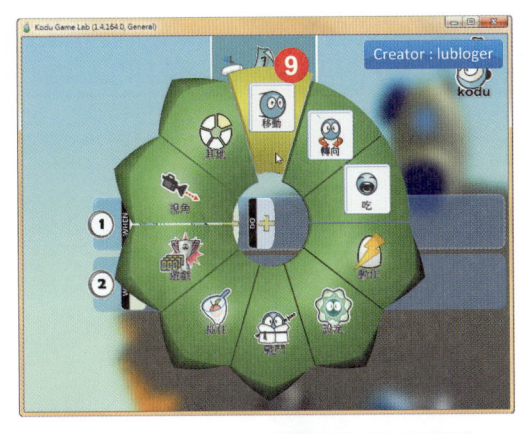

⑨ 選取 🔵 移動

⑩ 點選 🔵 移動右側的 ➕

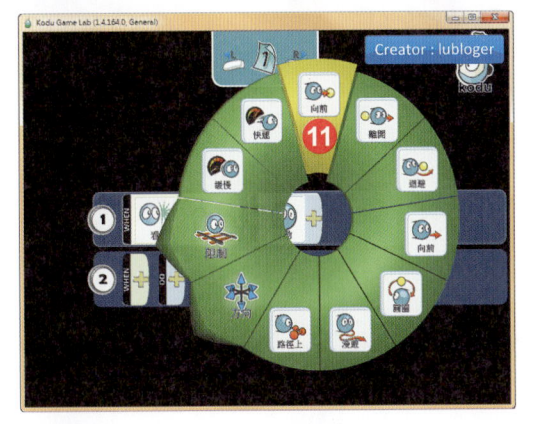

⑪ 選取 🔵 向前

⑫ 完成 Kodu 看到小屋時，自動朝小屋移動

程式說明：當看到愛心時，朝愛心向前移動

2-4.4 沿路徑移動－飛魚

設計一條路徑，讓飛魚沿規劃的路徑移動，在遊戲設計時，常常會使用到哦！

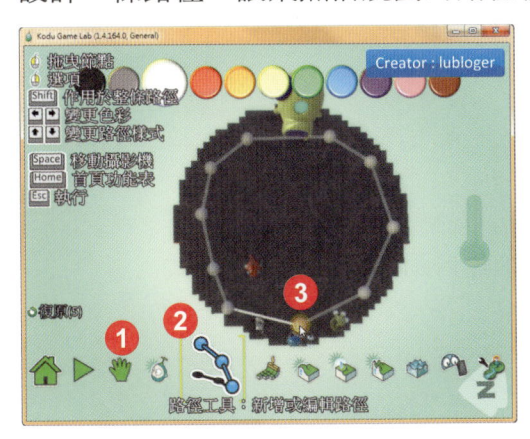

❶ 點選 🖐【移動攝影機】調整為俯視角度
❷ 點選 🛠【路徑工具】
❸ 使用點點點方式，建立環形路徑，終點時快點滑鼠左鍵二下，結束路徑繪製

35

Kodu 主題式 3D 遊戲程式設計

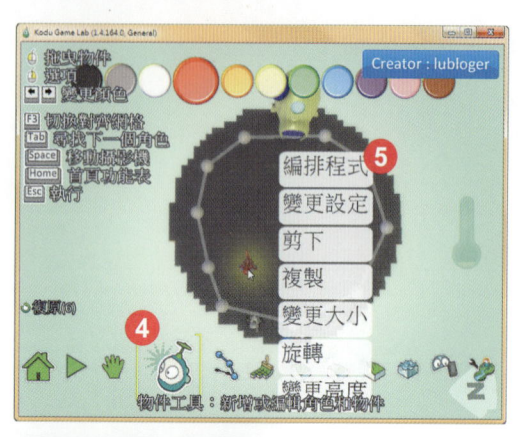

4 點選 【物件工具】

5 在飛魚按右鍵【編排程式】

6 點選 DO 後面的 ➕

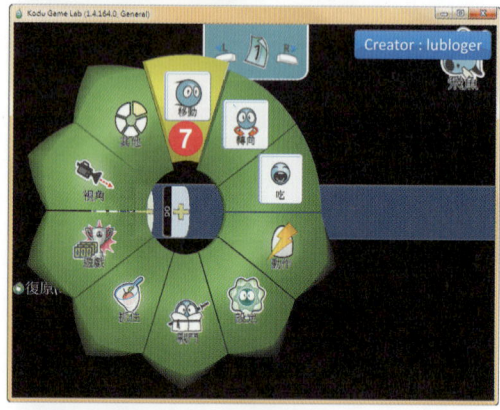

7 點選 【移動】

8 點選 【移動】右側的 ➕

9 點選 【路徑上】

關主說：

【路徑上】移動至特定顏色的路徑。預設為移動至任一路徑

10 完成飛魚自動沿著路徑移動程式

單車漫遊 主題 2

2-5 贏得遊戲設定

2-5.1 當 Kodu 到達小屋

❶ 點選 【物件工具】

❷ 在 Kodu 上按右鍵【編排程式】

❸ 點選第 2 列 WHEN(當) 右側的 ➕

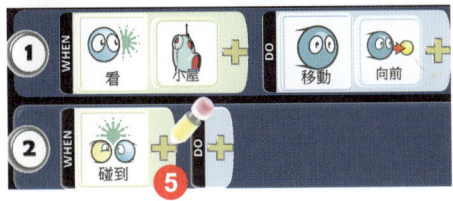

❹ 點選 【碰到】

❺ 點選 【碰到】右側的 ➕

Kodu 主題式 3D 遊戲程式設計

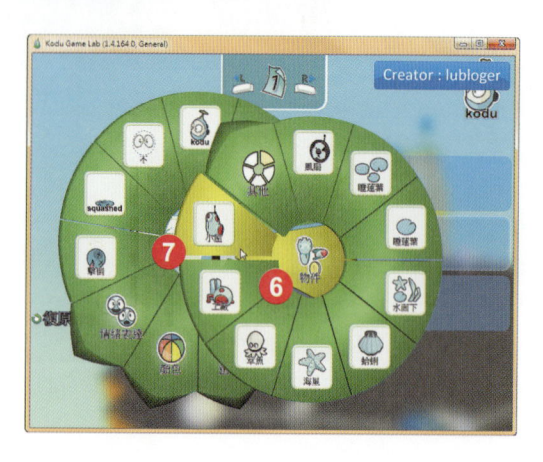

⑥ 點選 類別

⑦ 選取 【小屋】

關主說：
WHEN(當) Kodu 碰到小屋時

2-5.2 設定結束遊戲

指定當 Kodu 碰到小屋的條件了，再設定執行贏得遊戲動作。

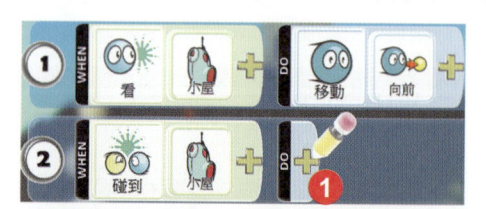

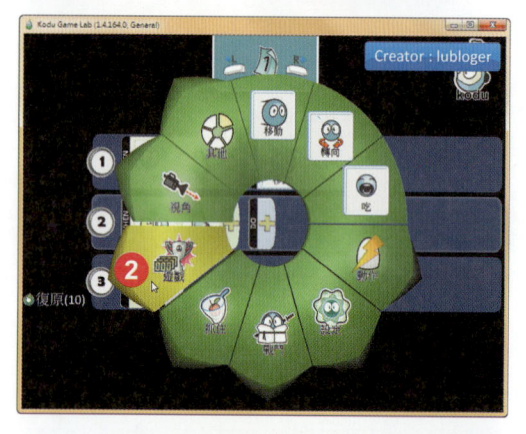

① 點選 DO 右側的 ✚

② 點選 遊戲

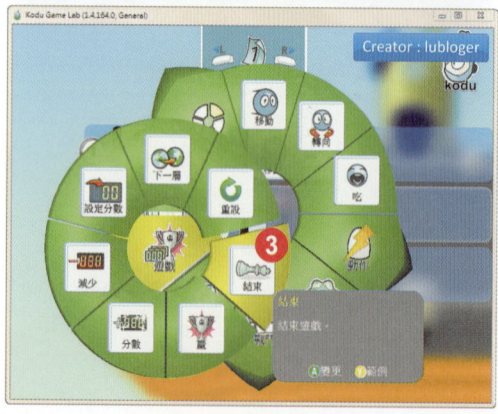

③ 點選 結束，並按 Esc 離開

4 完成當 Kodu 碰到小屋就結束遊戲

5 點選 ▶ 玩遊戲,當 Kodu 碰到小屋時,就會立即顯示 GAME OVER

關主說:

按 enter 重新啟動世界,再玩一次
- home 首頁功能表
- esc 編輯此世界
- enter 重新啟動世界

2-5.3 存檔及匯出

Kodu 的遊戲作品要給同學觀摩使用,建議使用匯出的方式進行,記得先存檔,再回主功能選單,【載入世界】再選取【匯出】功能就能將檔案儲存在電腦、隨身碟或郵寄給同學了。

1. 儲存檔案後回到主選單【載入世界】

2. 選取【匯出】功能

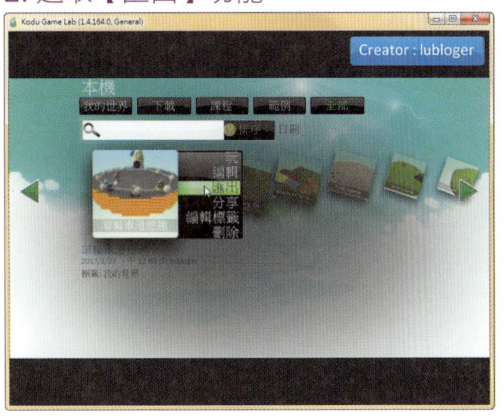

主題 2 課後練習

通常遊戲都是有輸贏，Kodu 到達小屋遊戲結束，請同學再設定當火星漫遊車到小屋時，則贏得遊戲。

● 設定火星漫遊車先碰到小屋就贏得遊戲

● 設定 Kodu 先碰到小屋就遊戲結束

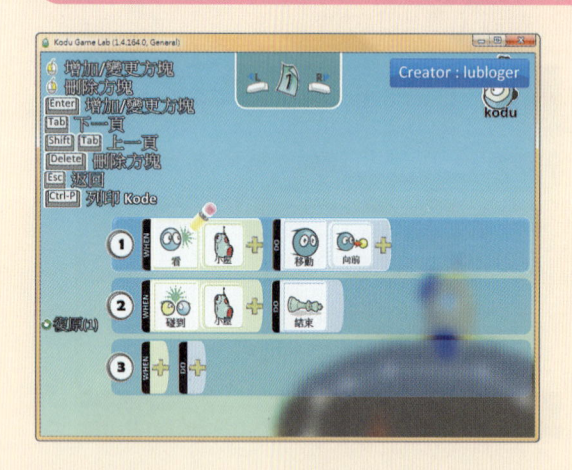

主題 3 極速競技

遊戲說明

設計ㄇ型場景，紅、藍、綠三台單輪車，紅色表示玩家，藍色和綠色是電腦，看誰先到達終點城堡，來決定輸贏。

學習重點

1. 學習製作ㄇ型場景並提高厚度
2. 學習路徑工具繪製不同顏色路徑
4. 學習藍色與綠色單輪車自動沿著路線移動
5. 學習紅色單輪車使用鍵盤移動
6. 學習複製整列程式方法
7. 紅色單輪車先到城堡就贏了
8. 綠色單輪車先到城堡就輸了

範例練習

光碟 \ 範例檔 \ch03\ 極速競技

3-1 競技場製作

極速競技遊戲，設計競賽場地，繪製直線路徑及變更場地材質。

3-1.1 製作ㄇ型場地

① 啟動 Kodu 點選【新世界】

關主說：
【選項】提供切換不同的語系，例中文、英文…

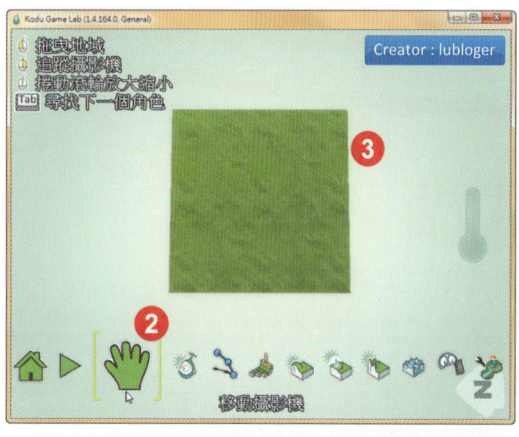

② 點選 【移動攝影機】

③ 調整為俯視角度，滑鼠右鍵拖曳變成俯視角度，滾輪往後，縮小顯示

關主說：
【移動攝影機】滑鼠操作說明
【左鍵】移動場景
【右鍵】旋轉場景不同視角
【滾輪】往前放大顯示、往後縮小顯示

④ 點選 再點選

極速競技 主題3

❺ 點選 ▣ 方形刷具

❻ 使用方向鍵變更刷頭大小，變大（白色區域顯示）點選左鍵就會擴大地域

關主說：

新世界預設的地域，場景較小，不適合進行賽車遊戲，請先擴大場景，再刪除中間區域

❼ 左右方向鍵變更刷頭大小（灰色區域）

❽ 按滑鼠右鍵刪除中間區域

關主說：

按左鍵增加場景區域，按右鍵刪除區域

🖱 刷色及增加材質紋理
[Shift] + 🖱 刷上材質紋理
[Ctrl] + 🖱 增加材質紋理
🖱 刪除

❾ 將矩形區域變成ㄇ字型場地

43

3-1.2 升高地域

❶ 點選【上/下】工具的

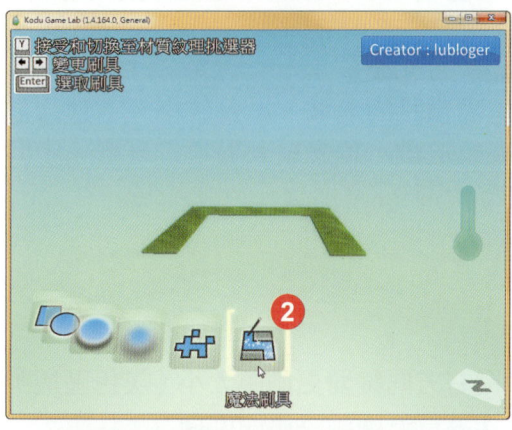

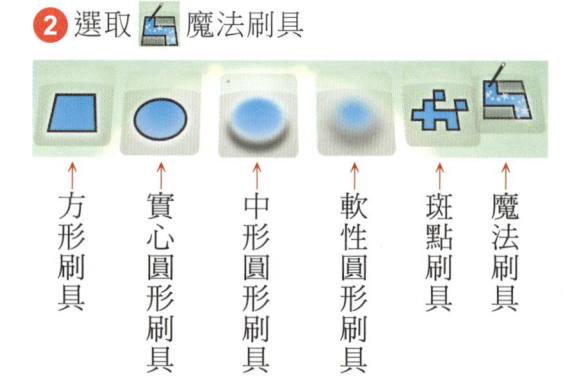

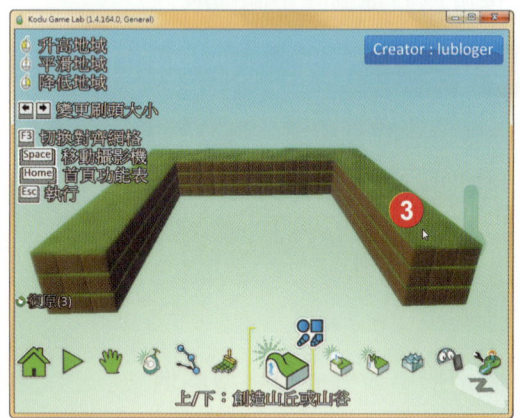

❷ 選取 魔法刷具

↑方形刷具　↑實心圓形刷具　↑中形圓形刷具　↑軟性圓形刷具　↑斑點刷具　↑魔法刷具

❸ 在綠色草地上點選一下，就會升高地形了

關主説：

左上角的操作說明，請同學練習看看

左鍵：升高地域
右鍵：降低地域
滾輪鍵：平滑地域

升高地域
平滑地域
降低地域

升高地域

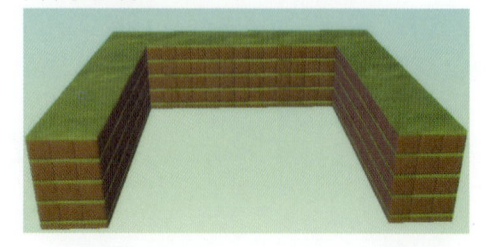

預設地域高度

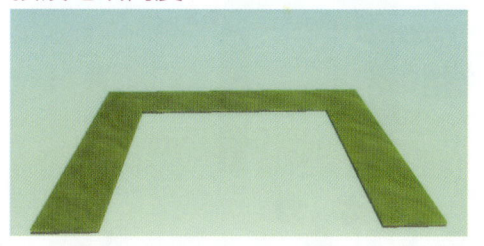

3-1.3 繪製終點線

變更不同材質紋理，做為終點位置。

❶ 點選 🖌 再選取 🎲 材質紋理鈕

❷ 方向鍵切換為編號 9 🧊 的材質

關主說：
左右方向鍵可以切換不同的材質
Enter 鍵表示選取材質

❸ 使用 🟦【方形刷具】將終點變成黃色材質

45

3-2 角色製作

極速競技最適合角色就是單輪車，製作相同尺寸，但不同顏色的單輪車角色。

3-2.1 主角單輪車

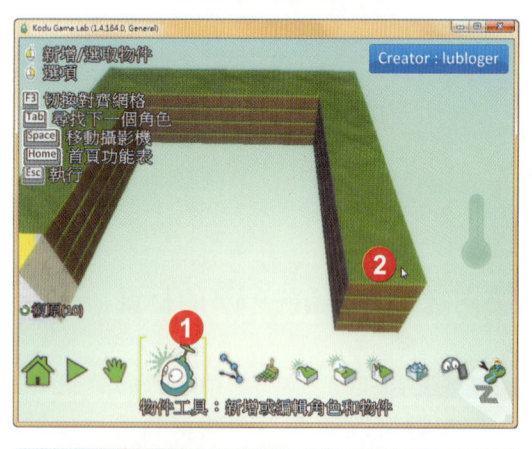

❶ 點選【物件工具】

❷ 在起點處點一下表示角色要加在哪個位置

> **關主說：**
> 【物件工具】模式下，才能新增及編輯角色和物件

❸ 點選類別，再選取【單輪車】

> **關主說：**
> 單輪車速度很快，最適合製作競速遊戲

❹ 將單輪車改為紅色

❺ 在單輪車按右鍵【變更大小】

極速競技 主題 3

❻ 拖曳調整大小往左,將單輪車變小

❼ 使用複製和貼上方法,製作 3 台【單輪車】
❽ 使用左右方向鍵變更為【紅色、藍色、綠色】3 台單輪車

3-2.2 觀眾飛船

Kodu 提供許多角色,讓遊戲看起更豐富,飛船會在天空上飛行。

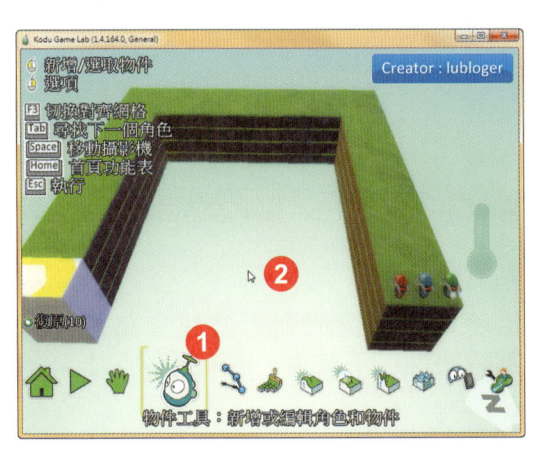

❶ 點選 【物件工具】
❷ 在中間位置點一下

47

Kodu 主題式 3D 遊戲程式設計

③ 點選 🐿 再點選 🎈【飛船】

關主說：
飛船會四處緩慢飛行

④ 在飛船按右鍵【變更大小】並進行複製，變成 3 台飛船
⑤ 變更三台飛船為【紅、藍、綠】

3-3 繪製競賽路線

紅色由玩家使用方向鍵移動，藍色和綠色依競賽路徑移動。

3-3.1 綠色路徑

繪製路徑提供單輪車角色移動，當路徑多條時，請設定不同顏色，程式就能精準設定。

① 點選路徑工具 🔗
② 沿著 ㄇ 型點選放開方式建立路徑，終點時快點二下結束，改為【綠色】

關主說：
拖曳圓形可以調整路徑位置

3-3.2 藍色路徑

藍色路徑給藍色單輪車使用。

1. 點選路徑工具
2. 沿著ㄇ型點選放開方式建立路徑，到終點時快點二下結束，改為【藍色】

關主說：

綠色單輪車自動依綠色路徑走
藍色單輪車自動依藍色路徑走
紅色單輪車由玩家方向鍵控制前進

3-4 程式編排

綠色和藍色單輪車的程式，都是自動依路徑前進，程式碼幾乎相同，使用複製整頁方式最方便。

3-4.1 綠車走綠色路徑前進

1. 點選【物件工具】
2. 點選綠色單輪車按右鍵【編排程式】
3. 點選 DO(執行) 右側的

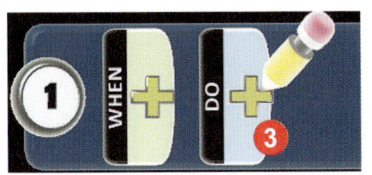

Kodu 主題式 3D 遊戲程式設計

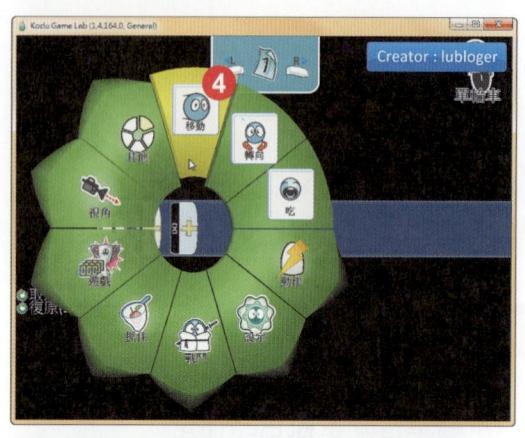

④ 點選 ⊙ 移動

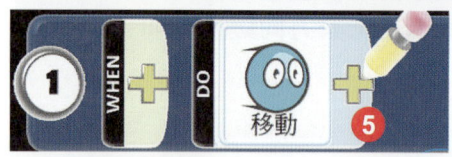

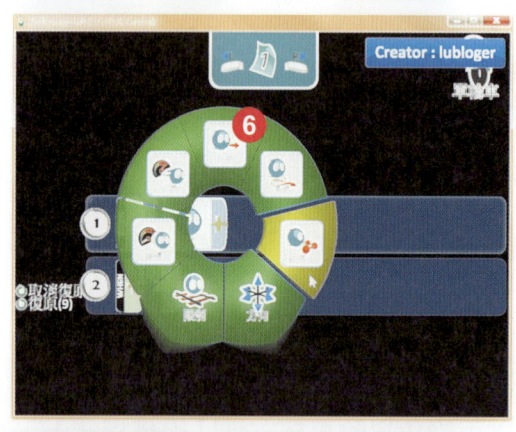

⑤ 點選 ⊙ 移動右側的 ✚

⑥ 點選 🔵 路徑上

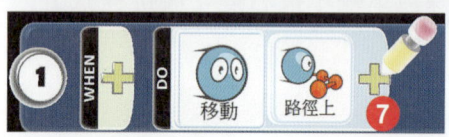

⑦ 點選 🔵 路徑上右側的 ✚

⑧ 點選 🎨 路徑顏色

關主説：
當有多條路徑時，就依顏色來區隔

極速競技 主題 3

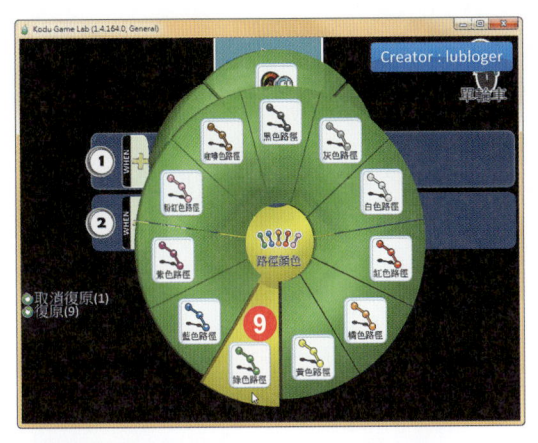

❾ 選取 🟢 綠色路徑

❿ 完成綠色單輪車自動沿著綠色路徑前進

3-4.2 複製程式碼

藍色單輪車的程式碼和綠色單輪車的程式相同，唯一要修改的只是改為【藍色路徑】而已，使用複製程式碼方式最快了。

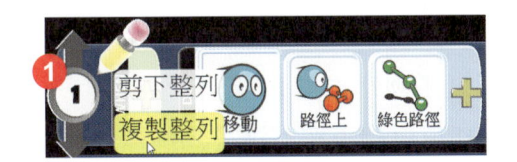

❶ 游標點選在編號 1 位置，按右鍵【複製整列】

　　一般狀態　　　選取整列狀態

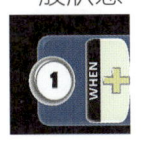

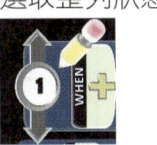

❷ 在藍色單輪車按右鍵選取【編排程式】

❸ 游標點選在編號 1 位置，按右鍵【貼上整列】

🧑‍💻 關主說：
鉛筆圖示表示目前的編輯位置

51

Kodu 主題式 3D 遊戲程式設計

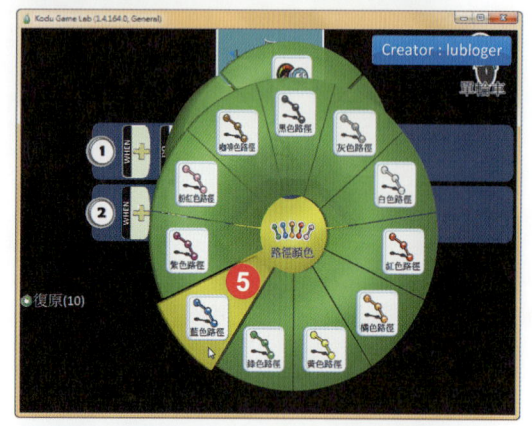

④ 再點選 綠色路徑

⑤ 點選 路徑顏色再選取 藍色路徑

⑥ 完成藍色單輪車的程式編輯工作

3-4.3 紅色單輪車鍵盤移動

① 點選 【物件工具】
② 點選紅色單輪車按右鍵【編排程式】

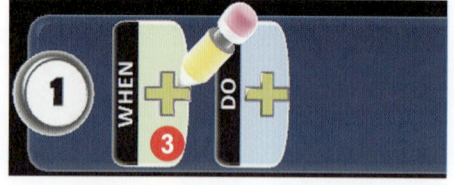

③ 點選 WHEN(當) 右側的

52

極速競技 主題 3

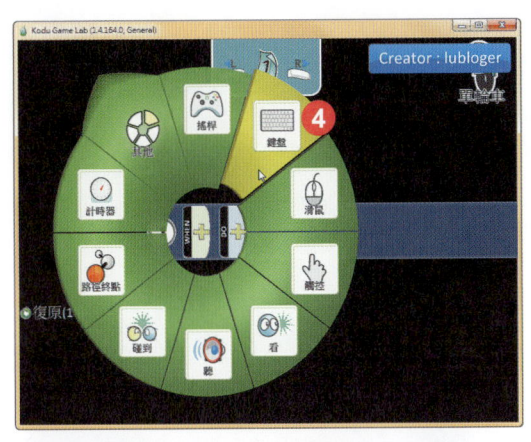

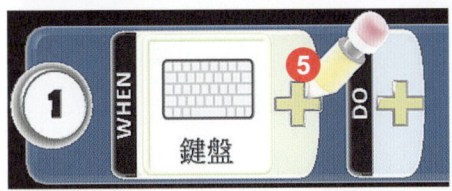

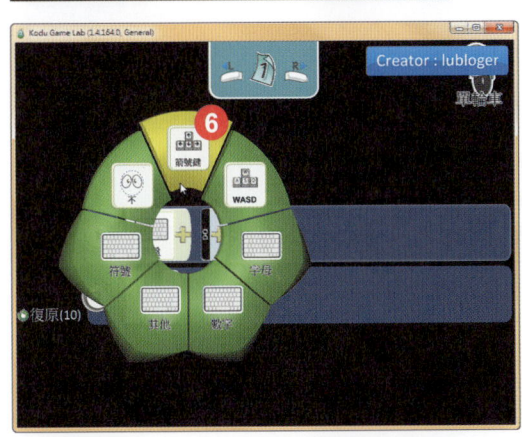

4 點選 【鍵盤】

5 點選 【鍵盤】右側的 ✚

6 點選 箭號鍵

7 點選 DO(當) 右側的 ✚

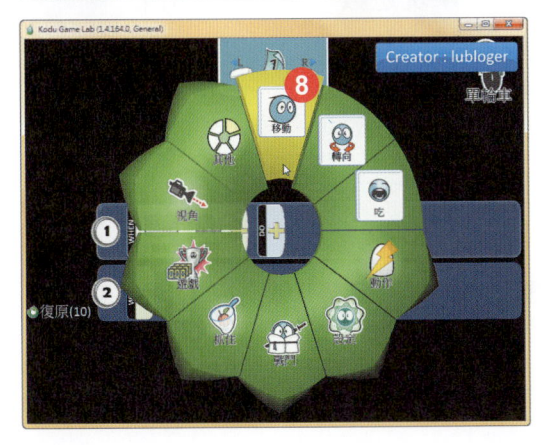

8 選取 移動

53

⑨ 完成紅色單輪車使用鍵盤方向鍵移動

⑩ 點選 ▶ 玩遊戲，測試遊戲結果

3-4.4 變更設定 – 速度調整

❶ 點選 物件工具

❷ 點選在紅色單輪車按右鍵【變更設定】

關主說：
【變更設定】是針對角色功能的個別設定

❸ 向前移動的速度增加器調整為【2.0】按 Esc 離開

❹ 點選 ▶ 玩遊戲，測試遊戲結果

關主說：
按鍵盤 Y 鍵，會顯示使用說明

3-5 遊戲輸贏設定

玩遊戲當然要有輸有贏才好玩，紅色單輪車代表玩家先到終點就贏。

3-5.1 綠車先到終點遊戲輸了

綠色和藍色單輪車代表電腦先到終點就輸。

❶ 點選 【移動攝影機】調整視角

關主說：
【移動攝影機】滑鼠操作說明
【左鍵】移動場景
【右鍵】旋轉場景不同視角
【滾輪】往前放大顯示、往後縮小顯示

❷ 點選 【物件工具】
❸ 在綠色單輪車按右鍵【編排程式】，並選取 WHEN 右側的 ➕

❹ 點選 其他再選取 【在陸地上】

Kodu 主題式3D遊戲程式設計

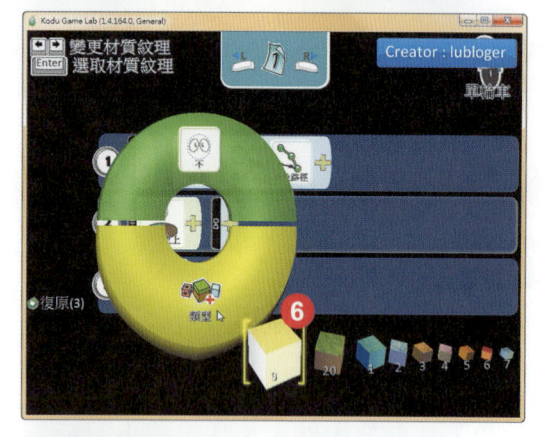

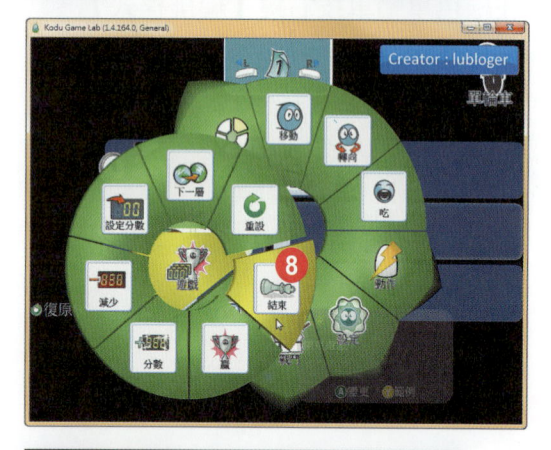

❺ 點選 【在陸地上】右側的 ➕

❻ 點選 再選取 材質

關主說：
終點位置我們變更為 材質，角色碰觸到材質，可以設定程式互動功能

❼ 點選 DO 右側的 ➕

❽ 點選 再選取 倒棋表示輸了

❾ 完成綠色單輪車到達終點時遊戲結束

❿ 使用複製整列程式碼，將列2拷貝到藍色單輪車

3-5.2 紅車先到終點贏得遊戲

1. 點選 【物件工具】
2. 點選紅色單輪車按右鍵【編排程式】

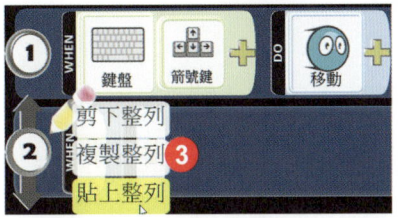

3. 複製綠色單輪車第 2 列程式碼，再貼上整列

4. 點選

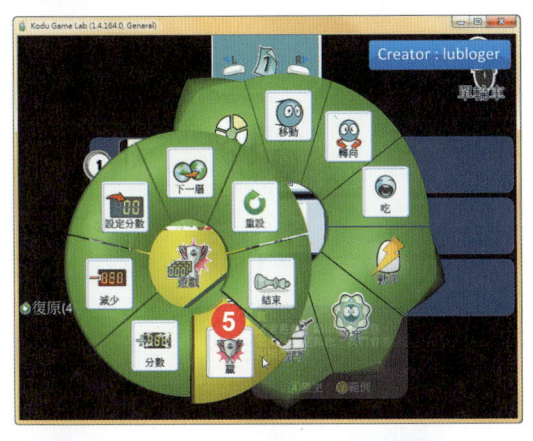

5. 點選 再選取 贏

6. 完成當紅色單輪車到達終點，碰觸 9 號材質時就贏了

Kodu 主題式 3D 遊戲程式設計

藍色單輪車先到達終點【遊戲結束】畫面　　紅色單輪車先到達終點【贏得遊戲】畫面

3-5.3 改變攝影機視角

Kodu 在執行遊戲時，允許控制攝影機移動，提供三種視角【固定位置、固定偏移、自由】，極速競技遊戲會以玩家所控制紅色單輪車為視角，因此遊戲在執行會偏左側，改為【固定位置】，保持攝影機位置不動，方便觀察三台單輪車的行進位置。

❶ 點選 【移動攝影機】調整能觀察到全景的視景

❷ 點選 【變更世界設定】

關主說：

【變更世界設定】是遊戲的整體環境設定

❸ 上下方向鍵變更至【攝影機模式】並選取第 1 個【固定位置】

❹ 按鍵盤 X 鍵進行設定位置

關主說：

按 鍵盤的 Y 鍵，會顯示攝影機的三種模式說明

極速競技 主題3

5 游標在中間下方位置點選，表示定位點
6 按 Enter 接受後，按 Esc 離開【變更世界設定】

關主說：

左上角操作說明

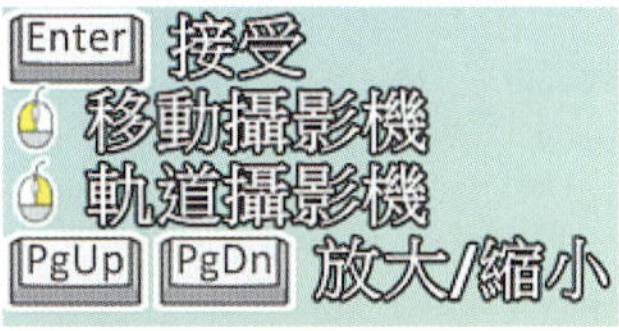

Enter 接受
移動攝影機
軌道攝影機
PgUp PgDn 放大/縮小

預設的攝影機視角 　　　　　　　攝影機改為固定位置視角

59

主題 3 課後練習

- 使用物件工具,增加飛碟角色。
- 請撰寫飛碟隨意漫遊的編排程式。
- 並使用複製貼上方式,完成 2 個飛碟角色。

增加飛碟角色

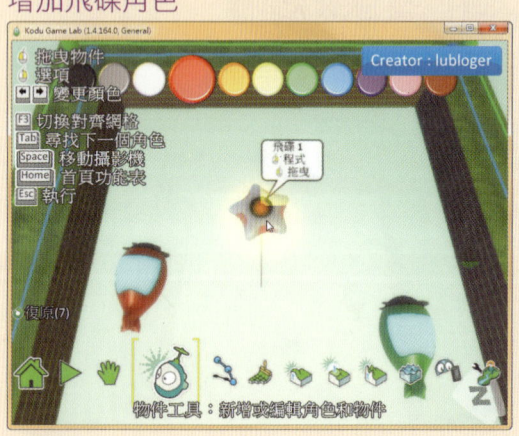

飛碟隨意漫遊的編排程式

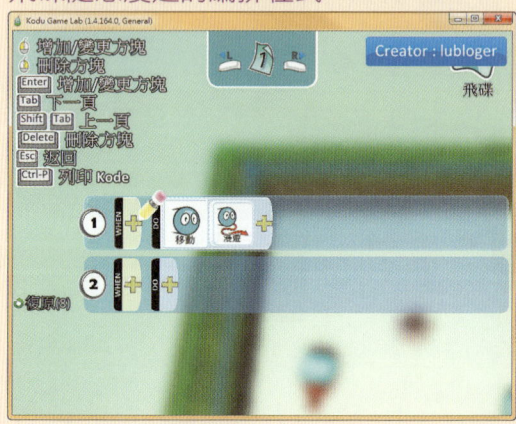

主題 4 即刻救援

遊戲說明

主角紅色 Kodu 一開始表達情緒，經過 3 秒後，才能開始使用鍵盤移動，穿越眾多的單輪車，當碰到單輪車時就輸了，如果碰到藍色 Brodu 就贏得遊戲。

學習重點

1. 學習設計遊戲場景圍牆
2. 學習角色可創性的設定
3. 學習角色設定不同顏色
4. 學習角色說話的設定
5. 學習重複創造角色程式
6. 學習角色隨機顏色控制
7. 學習遊戲輸贏的設定

範例練習

光碟 \ 範例檔 \ch04\ 即刻救援

4-1 設計場景

即刻救援場景，需要不同材質，四周圍牆環繞，學習應用方形直線刷具繪製直線，並使用上／下刷具，轉換為圍牆。

4-1.1 開啟舊檔

Kodu 設計好的遊戲檔案，在檔案總管中快點二下就可以開啟來編輯了。

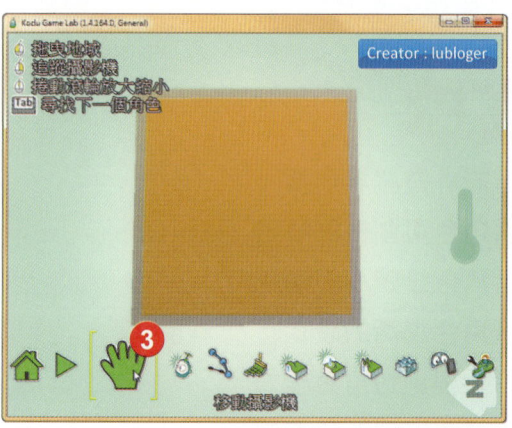

❶ 切換到範例檔 ch04 資料夾

❷ 快點二下 即刻救援範例檔

關主說：
在 Kodu 社群有許多的範例，同學可以下載進行觀摩別人的創意

❸ 按 Esc 回到編輯畫面，點選【移動攝影機】調整視角

關主說：
開啟 Kodu 遊戲檔案時，會自動進入遊戲執行畫面

62

4-1.2 方形直線刷具

方形刷具繪製長方形的道路材質最方便。

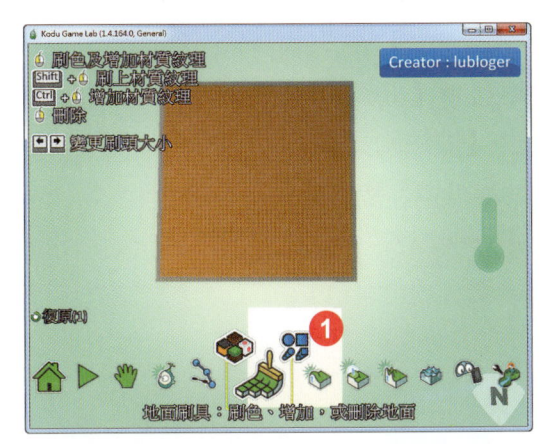

1. 點選 地面刷具，選取

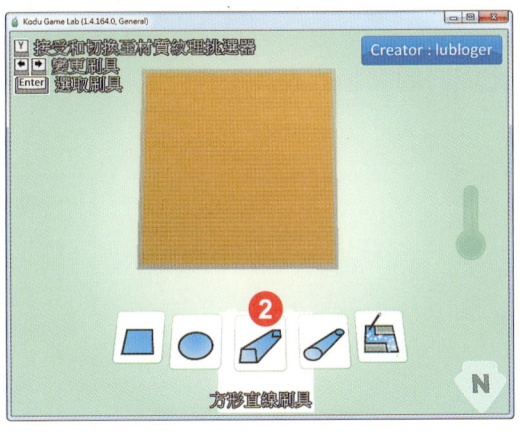

2. 選取 【方形直線刷具】

    關主說：
    【方形直線刷具】使用方法，以拖曳方式繪製直線，繪製規則長方形最方便，例如道路、圍牆、直線等都很方便

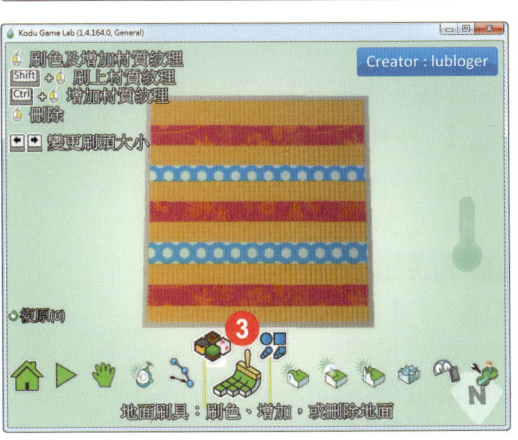

3. 選用二種不同材質紋理繪製橫線

    關主說：
    選取 【材質紋理】鈕，使用 和 材質

Kodu 主題式3D遊戲程式設計

4-1.3 製作圍牆

四周圍是相同的灰色材質，使用魔法刷具，並使用【上/下】工具點選灰色，就能建立圍牆了。

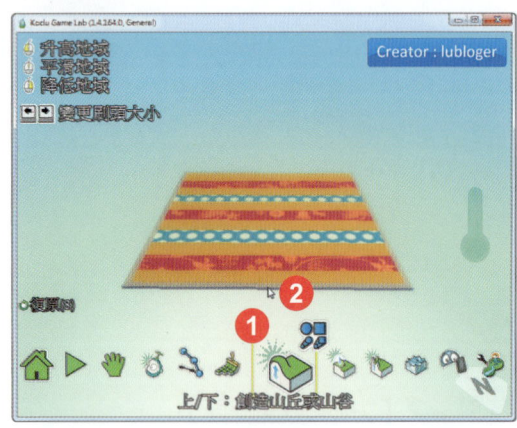

❶ 點選 【上/下】，點選 ，再選取 【魔法刷具】

❷ 游標點選在周圍的灰色材質上

升高地域
平滑地域
降低地域

❸ 完成四周圍牆的設計工作

❹ 點選 【上/下】，點選 ，再選取 【方形刷具】

❺ 按右鍵製作圍牆的缺口，前後各一段

關主說：

【上/下】使用方法
左鍵：升高地域
右鍵：降低地域
滾輪：平滑地域

即刻救援 主題 4

6 再點選 🖌 選取 🟩 再選取 🟩【15 號綠色紋理】

7 前後缺口處都加上綠色方形地域

4-2 角色安排

Kodu 由起點出發，穿越敵人陣線，營救 Brodu，需要角色共有 Kodu、單輪車、砲台。

4-2.1 主角-Kodu

加入 2 個 Kodu 角色，設定不同顏色，紅色為 Kodu，藍色為 Brodu。

1 點選 🔵【物件工具】加入 Kodu 角色

2 設定為紅色，並按右鍵【變更高度】在地面上

關主說：

預設 Kodu 角色，是漂浮狀態

預設漂浮狀態　　　變更高度

65

Kodu 主題式 3D 遊戲程式設計

❸ 使用複製及貼上方式，增加藍色 Brodu

【起點】紅色 Kodu　【終點】藍色 Brodu

4-2.2 單輪車－可創造性

在道路上有多台的單輪車，沿著橫向道路行進，如果有多個相同的角色，加入單輪車後，變更設定為【可創造性】就能以程式大量複製了。

❶ 點選【物件工具】選取 加入單輪車

❷ 按右鍵【變更設定】

關主說：
【變更設定】是角色的個別功能設定

❸ 啟動【可創造】

關主說：
設定為可創造，執行時會立即消失，必須使用程式設計，可以重複的創造出來

啟動狀態　　　　　未啟動

關主說： 可創造功能說明

當機器人被標示為「可創造」時，會有兩種特殊狀況。

第一：如果你複製此機器人，則複製後的機器人會與原本的機器人共用相同的大腦。變更其一就會變更全部。在編輯時，你可以看到原本標記為「可創造」的機器人與它的複製人之間有虛線相連。

第二：你現在可以編排其他機器人的程式，完整地創造一個機器人。如果你想在遊戲中持續創造敵人的話，這是個很好用的方法。

請記住，這可能會讓你在不經意間用完這個世界的預算，屆時，創造就會自動停止。

4-2.3 砲台 – 創造單輪車

砲台角色功能，為了要持續創造出單輪車，遊戲難度增加。

❶ 點選 【物件工具】
❷ 選取 加入 砲台

❸ 完成加入砲台角色
❹ 使用複製和貼上的方式，複製 4 個砲台，並拖曳至紅色、藍色的道路上

4-2.4 繪製路徑

繪製沿著道路的路徑，讓單輪車依路徑行進，配合道路繪製五條路徑。

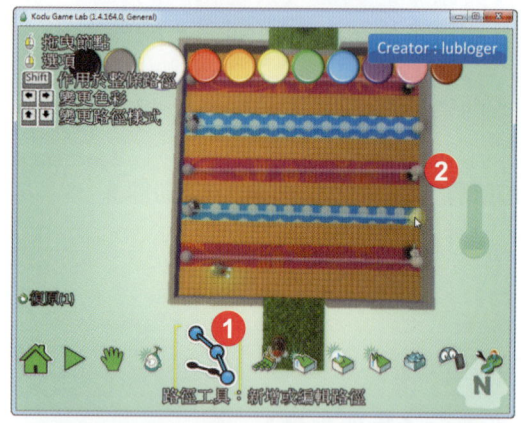

① 點選 【路徑工具】

② 使用點選方式繪製路徑，結束點（快點二下）完成一條路徑繪製工作

③ 點選路徑圓球，調整圓球位置，就是改變路徑了

關主說：

若要刪除整條路時，請配合 Shift 鍵，選取整條路徑中的全部圓球，再按右鍵進行刪除

| 增加更多節點 |
| 變更高度 |
| 旋轉 |
| 變更類型 |
| 刪除 |

4-3 程式設計

4-3.1 藍色 Brodu 說話

相同的 Kodu 角色，設定不同顏色時，就能指定不同的命令，設計藍色 Brodu 說求救的話。

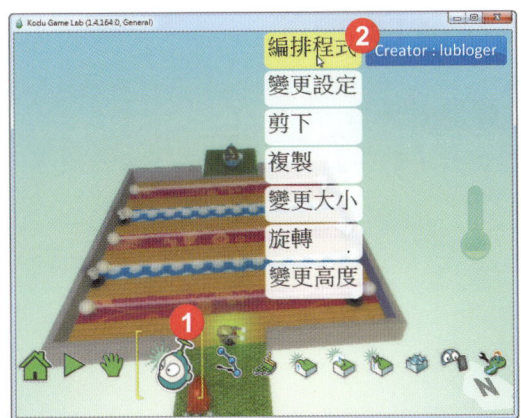

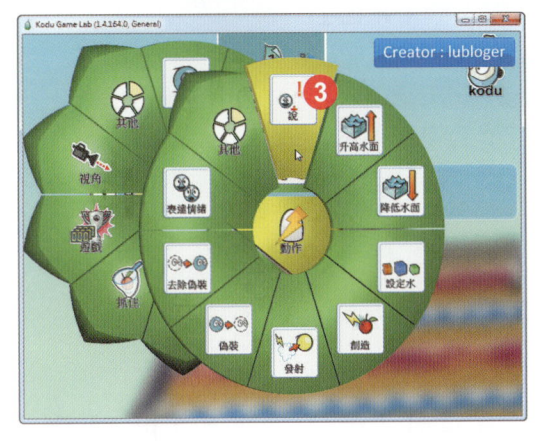

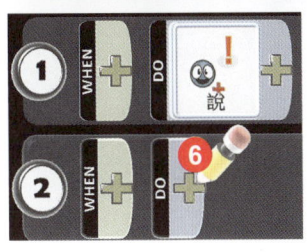

① 點選 【物件工具】
② 在藍色 Brodu 上按右鍵【編排程式】

③ 在 DO 執行點選 【動作】，再選取 【說】

④ 輸入【快來救我】
⑤ 點選【儲存】

⑥ 點選第 2 列 DO 後面的

Kodu 主題式3D遊戲程式設計

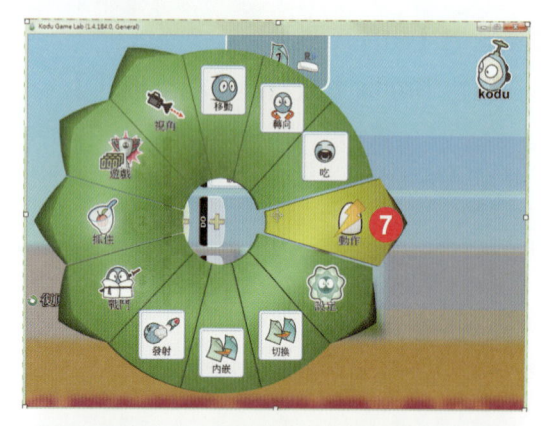

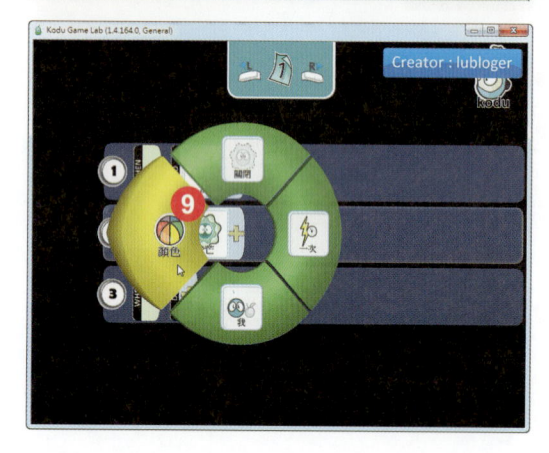

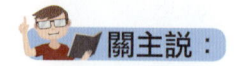

❼ 點選 【動作】

關主說：
同學看看【動作】類別中有哪些命令積木

❽ 選取 【光芒】

關主說：
光芒位於第三層的選單了

❾ 點選 【光芒】右側的 ，再選取 【顏色】

關主說：
命令積木說明

關閉所有光芒

只執行一次

套用動作到執行程式的角色

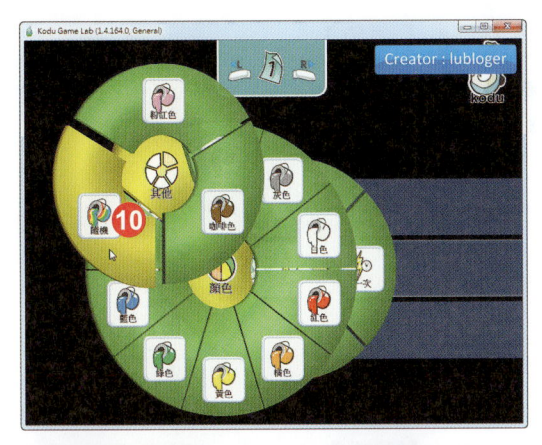

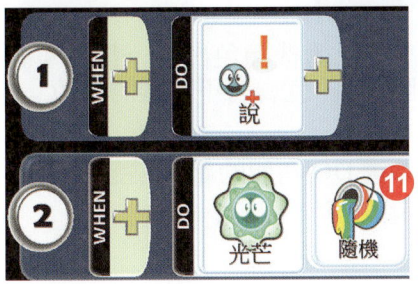

⑩ 點選 【其他】再選取 【隨機】

關主說：

共有 11 種顏色可以使用，及不斷變更顏色的 【隨機】效果

⑪ 完成藍色 Brodu 的程式，點選 ▶執行程式

關主說：

程式說明
第 1 列：說話
第 2 列：發出光芒顏色會隨機改變

4-3.2 敵人單輪車

多台單輪車會沿著道路行進，阻擋 Kodu，單輪車必須先設定為可創造。

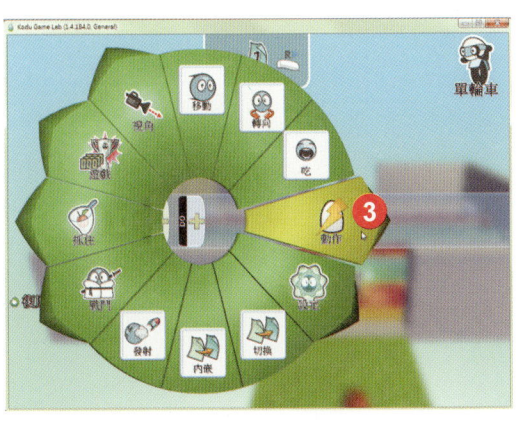

❶ 點選 【物件工具】
❷ 在單輪車按右鍵【編排程式】

❸ 點選 DO 右側的 ，點選 【動作】

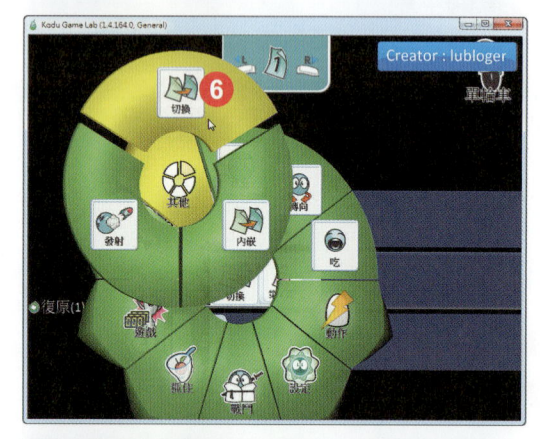

4 選取 【顏色】

🧑‍💻 關主說：
命令所在位置
【動作\顏色】
【顏色\隨機】

5 再選取【隨機】
程式執行就會以隨機顏色出現，每台單輪車被創造出來時，就會有不一樣的顏色

6 第 2 列點選 DO 右側的 ➕，點選 【其他】再選取 【切換】

7 第 2 列命令設定 DO【切換＋第 2 頁】

4-3.3 設計第 2 頁命令

Kodu 每個角色都有 12 個頁面，可以撰寫程式。

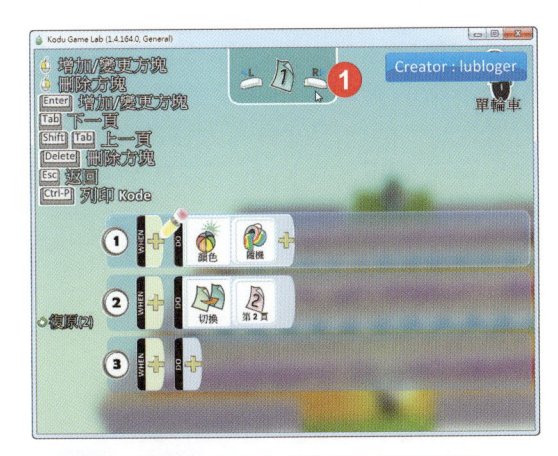

① 點選 切換第 2 頁

關主說：
L 是往左頁、R 是往右頁

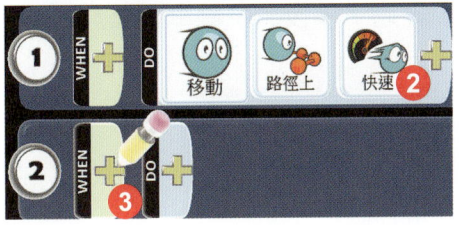

② 第 1 列 DO 後面請設定【移動 + 路徑上 + 快速】

③ 第 2 列點選 WHEN 右側的 ＋

關主說：
遊戲中有五條路徑，單輪車在路徑上移動，會以最近的路徑為主

④ 選取【計時器】

關主說：
計時器是玩遊戲常看見的效果，例如 30 秒內如果沒有過關就輸了

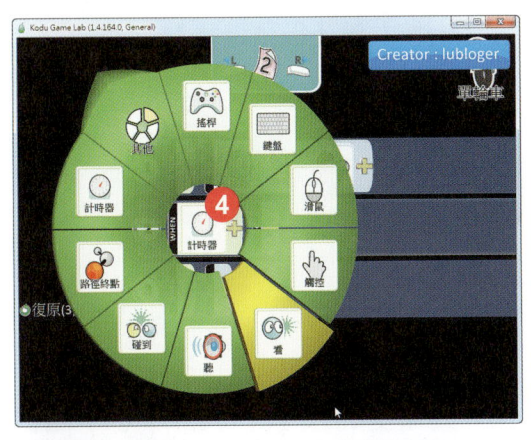

⑤ 計時器右側加上【2 秒、5 秒】就是 7 秒

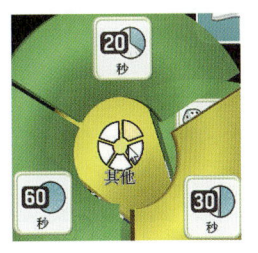

Kodu 主題式 3D 遊戲程式設計

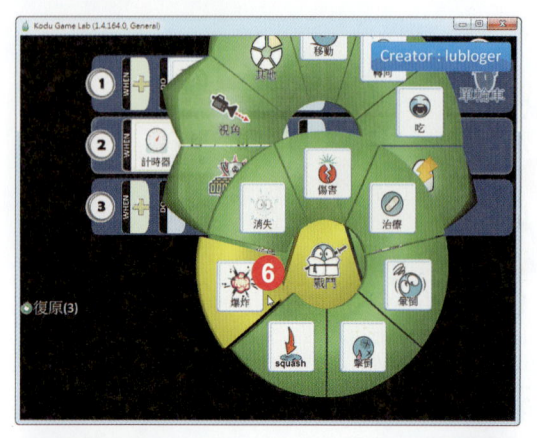

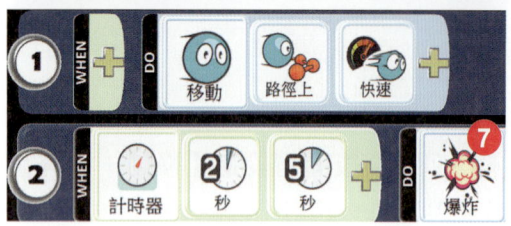

❻ 在 DO 的右側加入 ，再選取

關主說：

單輪車為什麼要設計自己爆炸呢？單輪車由砲台不斷的被創造出來，如果沒有設定時間爆炸時，很快的就會有太多的單輪車，電腦也會負荷不了，Kodu 是 3D 動畫，太多角色是不行的

❼ 完成第 2 頁程式碼

程式說明
第 1 列：單輪車在路徑上快速移動
第 2 列：經過 7 秒後，單輪車會爆炸

4-3.4 砲台 – 程式範例

有 5 個砲台在 4 秒內隨機創造單輪車，阻擋 Kodu 的前進。

❶ 點選 【物件工具】
❷ 在砲台按右鍵【編排程式】

❸ 第 1 列命令加入【計時器 +2 秒 + 隨機 +2 秒】將鉛筆移至【隨機】位置
❹ 約等 1 秒顯示使用說明，按 Y 鍵觀看參考程式範例，再按 Esc 回到編輯畫面

即刻救援 主題 4

Kodu 提供許多的程式組合範例說明，學習如何應用

範例　　　　　　　插入範例 A

在 5 至 10 秒間，彈射錢幣。

在 0 至 5 秒間，彈射岩石。

上一步 B

範例　　　　　　　插入範例 A

當我什麼也沒看見時，表現悲傷。

當我沒看到 Kodu 時，發出紅光。

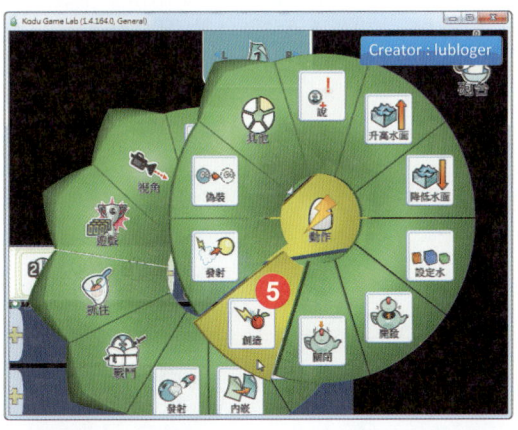

上一步 B

範例　　　　　　　插入範例 A

當我看不到任何 Kodu 時，結束遊戲。

每 10 秒創造一塊岩石。

上一步 B

範例　　　　　　　插入範例 A

當我體力為 0 時，重設遊戲。

當我的體力為 0 點時，結束遊戲。

上一步 B

5️⃣ 點選 DO 右側的 ➕，選取 【動作】的 【創造】

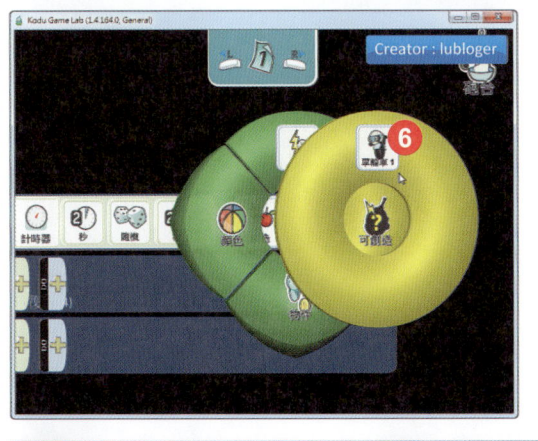

6️⃣ 再點選 ➕ 選取 【可創造】的 【單輪車】

關主說：

所有角色中，只有單輪車在【變更設定】時改為【可創造】而已

7️⃣ 程式說明：計時器隨機在 2 到 4 秒中，創造出單輪車

75

4-3.5 複製整頁程式碼

遊戲中有 5 個砲台，都是相同的程式碼，使用複製整頁程式碼方式最快。

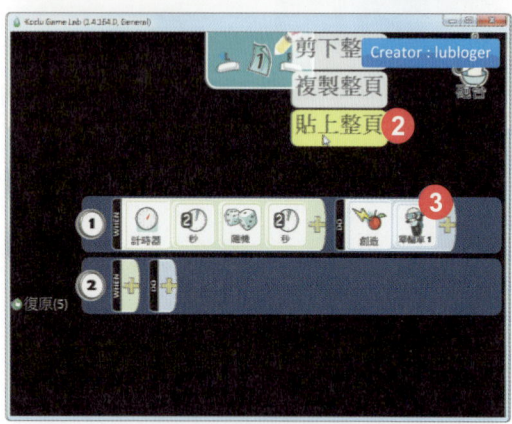

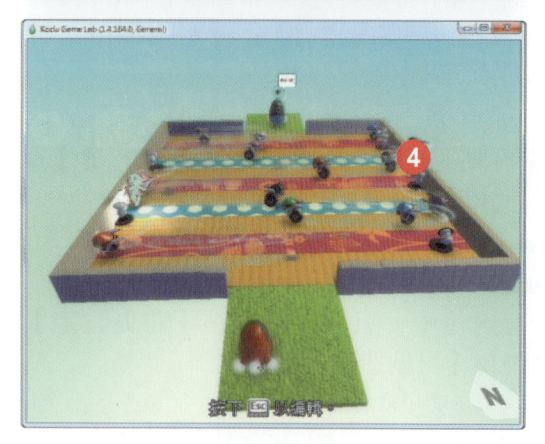

❶ 在上方頁碼區 按右鍵【複製整頁】

關主說：

如果程式碼只有一列，也可以使用【複製整列】

❷ 再切換到第 2 個砲台角色，按右鍵【貼上整頁】

❸ 完成第 2 個砲台程式碼的編排，使用相同方法，完成 5 個砲台的程式碼

❹ 點選 ▶【玩遊戲】時，砲台不斷的創造單輪車，並沿著最新的路徑行走

4-4 主角 Kodu 程式設計

主角紅色 Kodu 一開始表達情緒罵人，經過 3 秒後，才能開始使用鍵盤移動，穿越眾多的單輪車，當碰到單輪車時就輸了，如果碰到藍色 Brodu 就贏得遊戲。

4-4.1 表達情緒 3 秒鐘

Kodu 有 9 種情緒表達的動作【花朵、星星、罵人、無、快樂、悲傷、生氣、愛心、瘋狂】等。

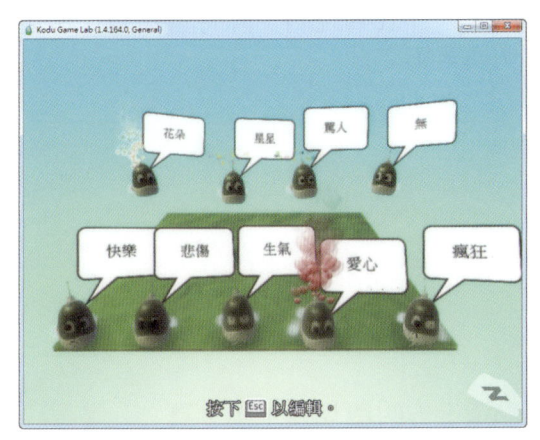

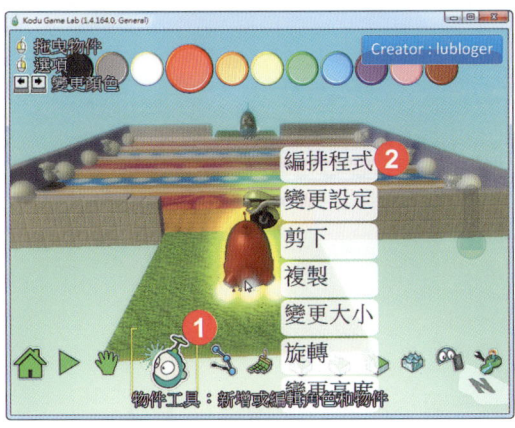

愛心　　　罵人

❶ 點選 【物件工具】
❷ 在紅色 Kodu 按右鍵【編排程式】

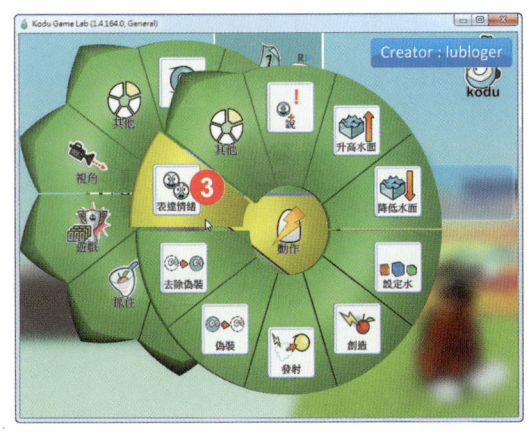

❸ 點選 DO 右側的 ➕，選取 【動作】，再選取 【表達情緒】

關主說：
WHEN 程式碼空白，表示遊戲啟動就執行程式，不需任何事件觸發

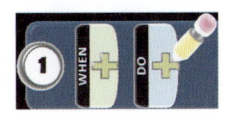

Kodu 主題式3D遊戲程式設計

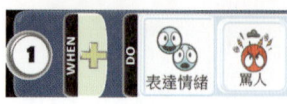

④ 點選 ➕ 再點選 【罵人】

⑤ 第 2 列程式碼說明：計時器經過 3 秒後切換至第 2 頁

4-4.2 第 2 頁程式碼

Kodu 每個角色有 12 頁的程式碼可以設定。

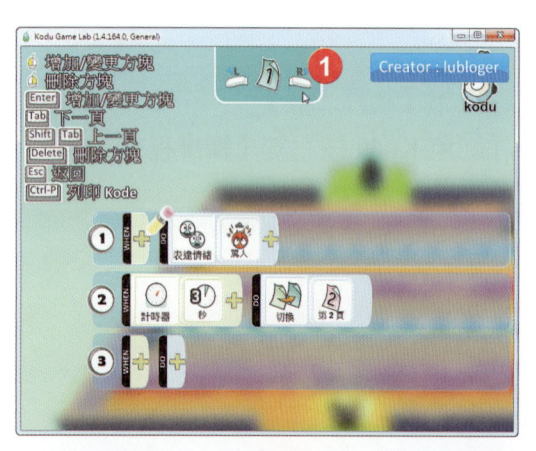

① 點選上方的 切換至第 2 頁

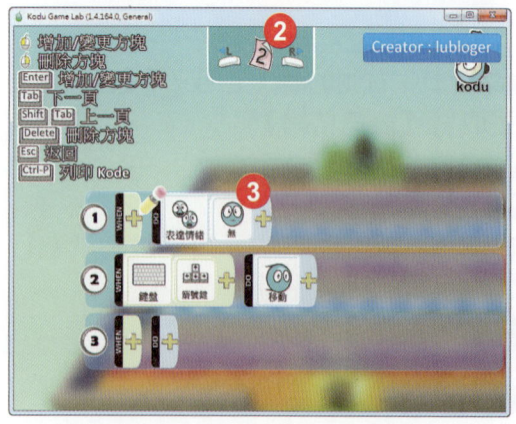

② 上方顯示目前頁面編號為【2】

③ 設定第 1 列程式【表達情緒＋無】
第 2 列程式【鍵盤＋箭號鍵 - 移動】

即刻救援 主題 4

程式說明
第 1 列：表達情緒變成【無】
第 2 列：鍵盤方向鍵控制 Kodu 的移動

4-4.3 輸贏設定

Kodu 被單輪車碰到就輸了，順利穿越敵人陣地，碰到藍色 Brodu 就贏了。

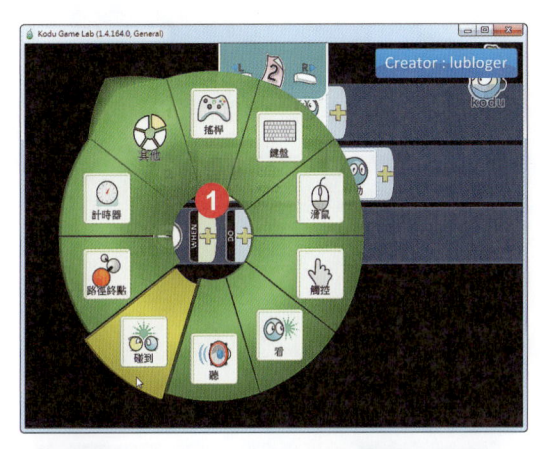

① 第 3 列點選 WHEN 右側的 ➕，再選取【碰到】

② 再加入對象【單輪車】
③ 點選 DO 右側的 ➕

④ 選取【遊戲】再選取【結束】
當碰到單輪車時就輸了

⑤ 第 4 列程式碼當碰到藍色的 Kodu 時，就贏了

關主說：

【結束】和【贏】都在【遊戲】類別中

79

主題 4 課後練習

即刻救援遊戲，請修改【世界設定】變更攝影機的【固定位置】能觀看全景，及調整天空顏色

攝影機模式【固定位置】

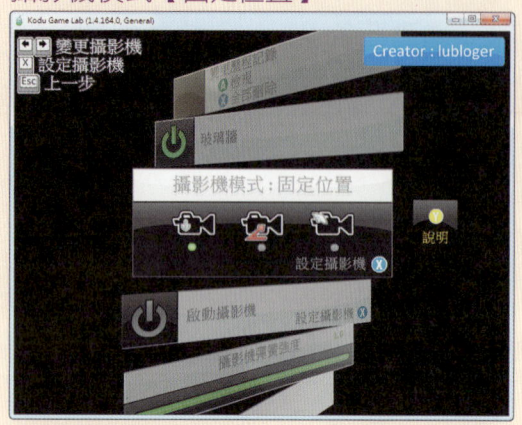

天空 6 的背景顏色，增添不同氣氛

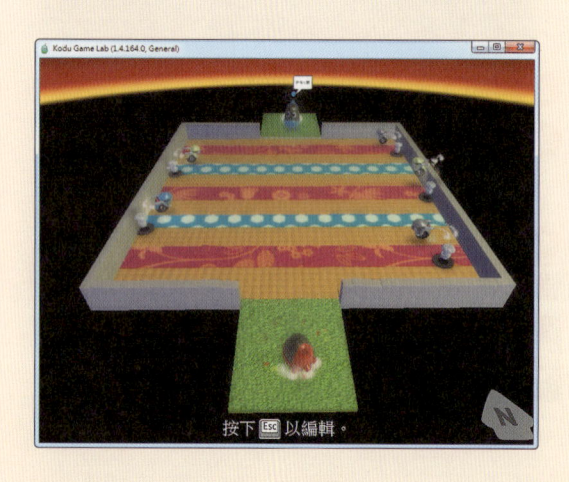

主題 5 決戰世界

遊戲說明

單輪車具有移動及跳躍功能，大魔王 Kodu 會發射岩石，單輪車閃避，並衝上小山丘，碰撞大魔王就贏得遊戲。

學習重點

1. 學習關閉指南針
2. 學習隆起小山丘製作
3. 學習增加土地厚度
4. 學習不斷創造岩石
5. 學習遊戲整體環境
6. 學習角色功能調整
7. 學習生命值顯示設定

範例練習

光碟 \ 範例檔 \ch05\ 決戰世界

Kodu 主題式 3D 遊戲程式設計

5-1 設計場景

5-1.1 關閉指南針

世界場景預設會顯示指南針，會顯示 N 往北的方向，在發射飛彈時，方向就能瞄準東、西、南、北等發射，在決戰世界時，發射會自動朝單輪車方向，不需要指南針時，可以設定關閉不顯示。

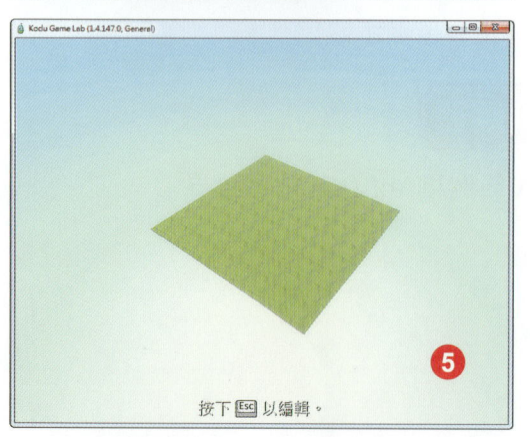

① 啟動 Kodu 並選取【新世界】，再使用 調整視角

② 點選 【變更世界設定】

關主說：
右下角有指南針，白色箭頭的 N 圖示

③ 關閉【顯示指南針】顯示

④ 按 Esc 回上一步

關主說：
【顯示指南針】讓你隱藏通常顯示於螢幕右下角的指南針。編輯時出現指南針，只在執行你的遊戲時會隱藏起來。

關閉狀態　　　　開啟狀態

⑤ 遊戲在執行時，就不會顯示指南針在右下方了

關主說：
顯示資源狀態，當加入太多物件時，電腦系統會顯示負荷狀態

輕微　　一般　　負荷重　　負荷警告

5-1.2 擴大場景

開啟新世界，場景並不大，製作地形時，容易顯示塊狀，需要更平緩的山丘時，必須先擴大場景土地。

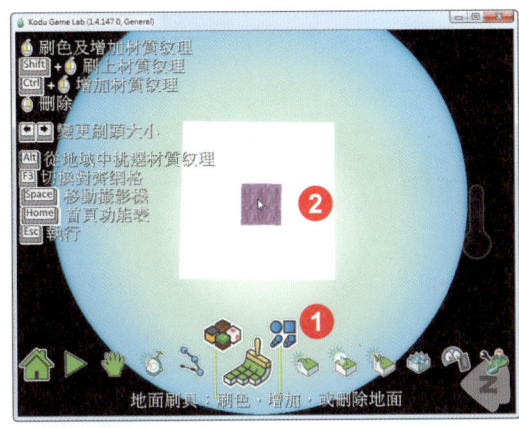

❶ 點選 🖌 後選取 🎨，再點 🟦 【方形刷具】

❷ 使用左右方向調整刷具變大，如白色區域再點一下

❸ 完成擴大場景土地

5-1.3 隆起小山丘

決戰世界在場景角落，要製作凸起的小山丘，是大魔王的位置。

❶ 點選 ✋ 調整場地為菱形視角

❷ 點選 🟩 再點選 🎨 再點選 ⚪ 【軟體圓形刷工具】

關主說：

六種不同的刷具

Kodu 主題式3D遊戲程式設計

3 在上方角落持續點選，升高小山丘

關主說：

■■【變更刷頭大小】升高山丘，逐一調整

5-1.4 增加土地厚度

接下來我們要增加土地的厚度，看起來更厚實的感覺。

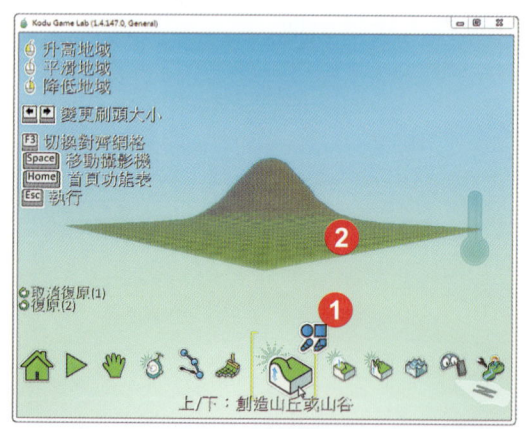

1 點選 再點選 再點選 【魔法刷具】

2 在綠色草地上點選升高

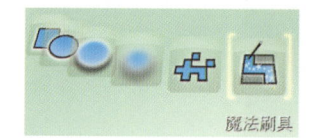

3 完成增加土地厚度

升高地域
平滑地域
降低地域

84

決戰世界 主題 5

5-2 安排角色

5-2.1 大魔王 kodu

Kodu 是 3D 立體的角色，因此使用者並不能自己設計造型，只能使用內建的角色，選用 Kodu 為大魔王。

❶ 點選【物件工具】
❷ 在小山丘點選一下

❸ 點選 Kodu 角色

❹ 在 Kodu 按右鍵【變更大小、旋轉、變更高度】等
❺ 拖曳調整位置在小山丘正上方，觀看陰影是否在山丘處

85

5-2.2 發射的岩石

大魔王 Kodu 會朝向單輪車不斷的發射岩石。

1. 點選 【物件工具】
2. 在綠色草地點選一下

3. 點選 【岩石】再選最

關主說：
岩石共有種不同的類型

5-2.3 可創造性

岩石是 Kodu 大魔王的武器，會不斷的發射，因此必須設定為【可創造】。

1. 點選在岩石上按右鍵【變更設定】

關主說：
角色啟動可創造時，那麼原始角色在遊戲開始時，會【自動消失】

決戰世界 主題5

2 啟動【可創造】 可創造

3 按 Esc 回上一步，離開世界設定視窗

關主説：
上下方向鍵可切換不同選項

5-2.4 主角單輪車

單輪車速度很快，可以爬上陡峭的山丘，也可以跳躍。

1 點選【物件工具】
2 在綠色草地點選一下

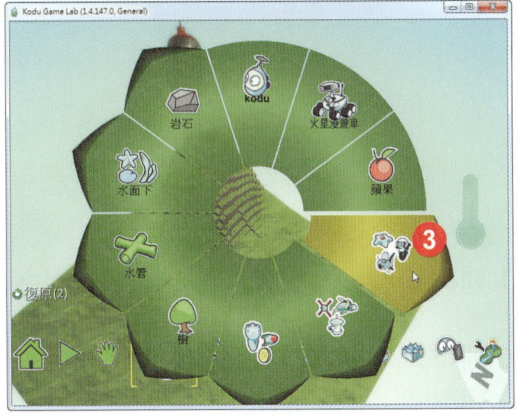

3 點選 再點選【單輪車】

87

Kodu 主題式3D遊戲程式設計

❹ 完成加入單輪車

關主說：

角色加入後，再接著設定【顏色、變更大小、旋轉、變更高度】等

5-3 程式設計

5-3.1 主角單輪車

單輪車具移動及跳躍功能，大魔王 Kodu 會發射岩石，單輪車閃避，並衝上小山丘，碰撞大魔王贏得遊戲。

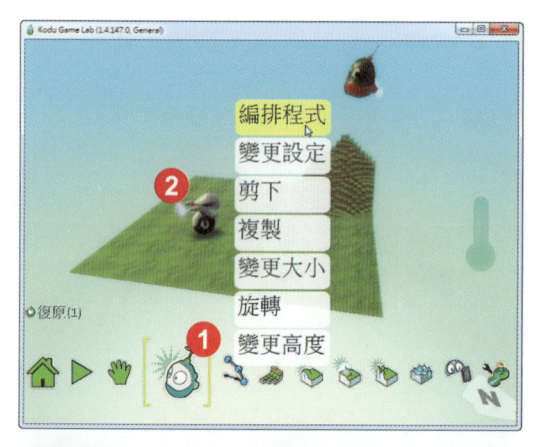

❶ 點選【物件工具】
❷ 點選【單輪車】按右鍵【編排程式】

❸ 程式碼說明
第 1 列程式：方向鍵操控單輪車移動快速快速
第 2 列程式：按空白鍵單輪車跳很高
第 3 列程式：碰到 Kodu 則贏了

5-3.2 發射的岩石

岩石設定為【可創造】才能讓 Kodu 不斷的發射出去,並且岩石碰到單輪車時就輸了,也要設定岩石在 2 秒內自動爆炸。

❶ 點選 【物件工具】
❷ 點選【岩石】按右鍵【編排程式】

❸ 程式碼說明
第 1 列程式:計時器 2 秒內自動爆炸
第 2 列程式:碰到 Kodu 遊戲結束 (輸了)

5-3.3 大魔王 kodu

當大魔王 0.5 秒會發射岩石,如果單輪車靠近時,則會自動轉向面向單輪車。

❶ 點選 【物件工具】
❷ 點選【Kodu】按右鍵【編排程式】

關主說:

程式碼內縮的做法,點選在數字編號,再往右拖曳

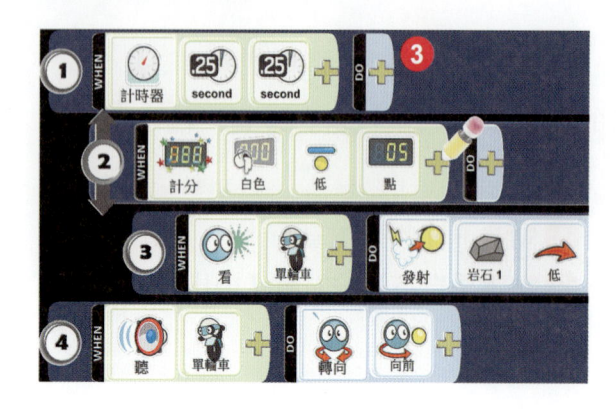

❸ 程式碼說明

第 1 列程式：計時器 0.5 秒

第 2 列程式：(內縮)當白色分數小於 5 分時

第 3 列程式：(內縮)看到 Kodu 就發射岩石低

第 4 列程式：聽到單輪車時，就會轉向向前，面向單輪車

關主說：

(內縮)就類似 IF 如果第 1 列成立時，才執行第 2 列。第 2 列成立時才執行第 3 列

5-3.4 開始玩遊戲

1. 遊戲啟動 Kodu 就會立即發射岩石

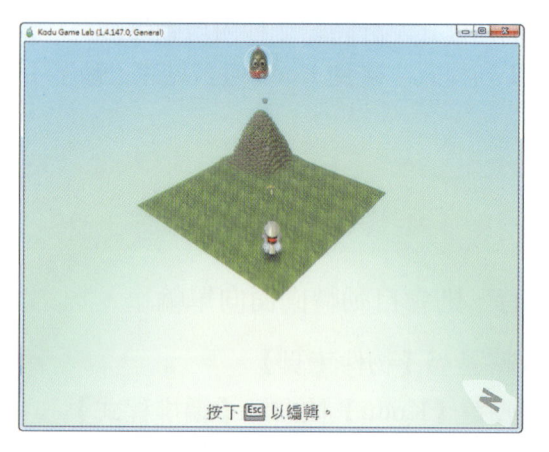

2. 單輪車移到右側時，Kodu 也轉向面對單輪車，持續發射岩石

3. 岩石碰到單輪車時，顯示 GAME OVER 輸了

4. 躲過岩石，按空白鍵跳躍

決戰世界 主題5

5. 單輪車碰到 Kodu 就贏了顯示 WINNER

6. 將 Kodu 計時器改為 3+3=6 秒，才發射岩石，單輪車才容易過關

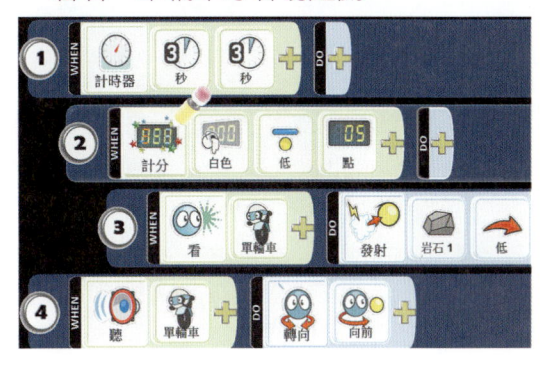

5-4 計分遊戲

　　計分功能一直是遊戲設計非常重要的元素，本節我們將介紹Kodu的計分功能，當分數到 5 分時，顯示對話框說明，當分數到達 10 分時，就贏得遊戲。

5-4.1 開啟範例檔

Kodu 社群網站中有許多的範例檔，下載後快點二下，就可以開啟來觀摩遊戲設計。

① 快點二下範例檔 \ch05\ 計分遊戲

關主說：
Kodu 社群網站
www.kodugamelab.com

91

❷ 開啟範例檔時，會自動進入【玩遊戲】模式，按 Esc 回到編輯模式

關主說：

範例檔中已加入單輪車和一堆蘋果角色

5-4.2 吃蘋果

❶ 點選 【物件工具】
❷ 在單輪車按右鍵【編排程式】

❸ 點選第 2 列 WHEN 右側的 ，並加入【碰到＋蘋果】程式
❹ 點選 DO 右側的 加入【吃】

決戰世界 主題 5

5-4.3 內縮程式碼

碰到蘋果時，除了吃掉蘋果，並加 1 分，換句話說【當碰到蘋果】、【執行二件事 1. 吃掉蘋果。2. 加 1 分】

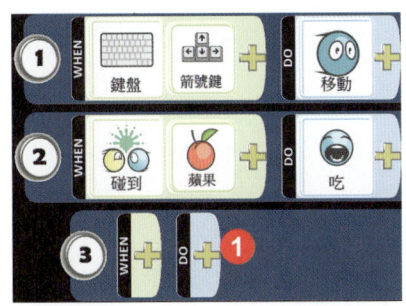

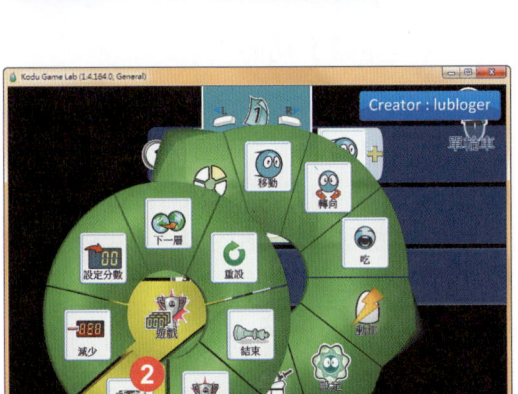

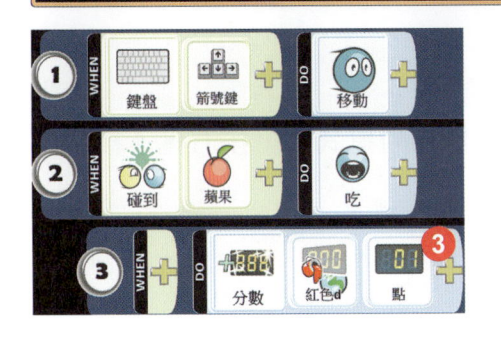

1 拖曳第 3 列程式碼往右 (變成內縮模式) 再點選 DO 右側的 ➕ 加入

關主説：

當碰到蘋果時，執行二個動作

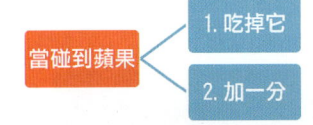

當碰到蘋果 → 1. 吃掉它
　　　　　　2. 加一分

2 點選 【遊戲】再選取 +888 增加分數

關主説：

Kodu 分數的三種計分方式

+888　　　－888　　　00
增加分數　　減少分數　　設定分數

3 再加入【紅色 和 01 1 分】程式碼

關主説：

設定不同顏色的分數，可以給不同的角色或用途

5-4.4 當分數到達 5 分時

第 4 列程式設定，當分數到達 5 分時，顯示對話框效果，遊戲暫停。

1 設定 WHEN 當【計分＋紅色＋相等＋5 分】就是當紅色分數到達 5 分時，點選 DO 右側的 ➕

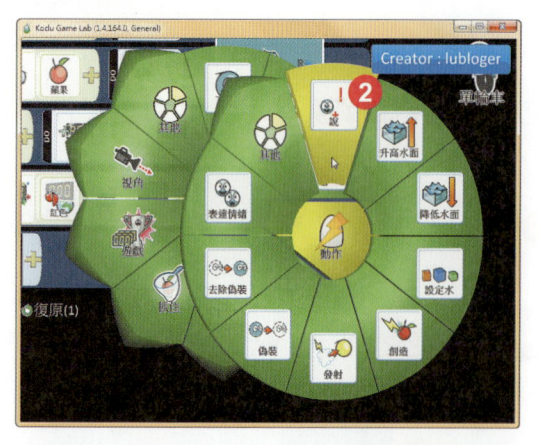

❷ 點選 【動作】再選取 【說】

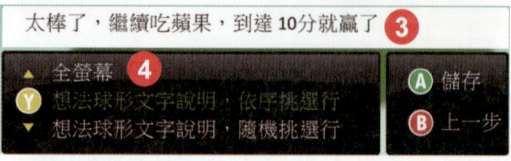

❸ 輸入【太棒了,繼續吃蘋果,到達 10 分就贏了】

❹ 點選【全螢幕】功能

全螢幕	顯示對話框,遊戲暫停
想法球形文字說明,依序挑選行	角色顯示對話框,會 1 句 1 句顯示說話內容
想法球形文字說明,隨機挑選行	角色顯示對話框,隨機顯示說話內容,不會依照順序

❺ 當紅色分數到達 5 分時,執行對話框功能

5-4.5 當分數到達 10 分時

當分數到達 10 分時,那麼遊戲就結束了。

❶ 點選第 4 列程式碼,按右鍵【複製整列】

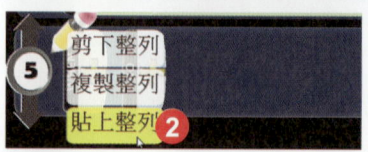

❷ 點選在第 5 列程式碼,按右鍵【貼上整列】

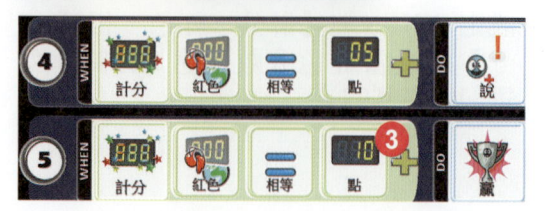

❸ 修改分數為【10 分】,DO 後面改為【贏】

5-5 遊戲使用說明

當遊戲執行時，顯示遊戲使用說明，如何過關及按鍵功能等，在 Kodu 稱為【世界說明】，在儲存檔案時，加上使用說明，並在【遊戲整體環境】中設定【開始遊戲時顯示】。

5-5.1 儲存遊戲使用說明

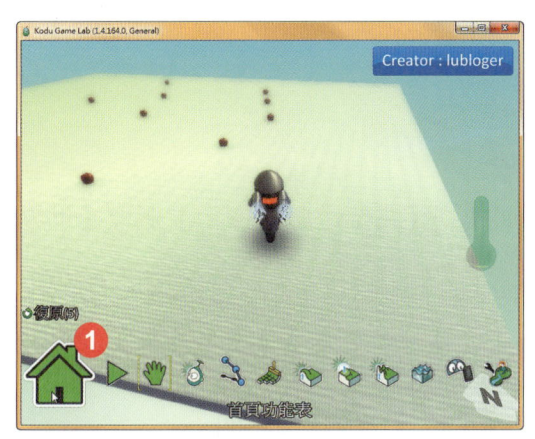

1. 點選 🏠【首頁功能表】

2. 點選【儲存我的世界】

關主說：
Kodu 設計的遊戲檔案稱為【我的世界】

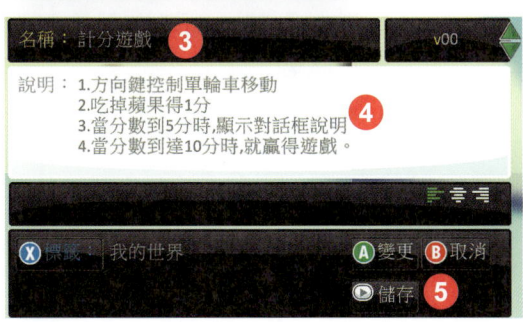

3. 輸入檔案名稱【計分遊戲】
4. 輸入遊戲使用說明
5. 點選【儲存】

5-5.2 【世界說明】

遊戲開始時，顯示遊戲使用說明。

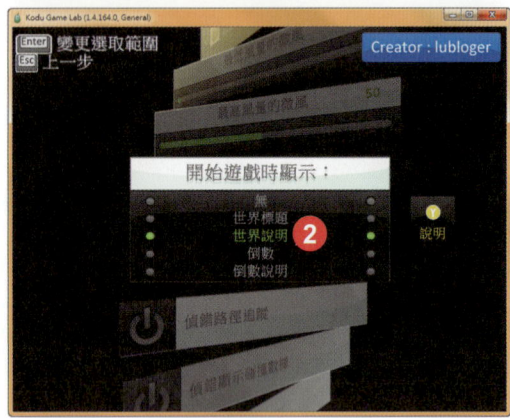

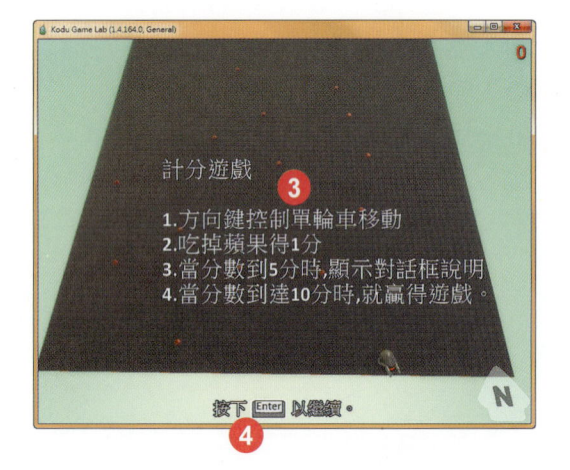

1. 點選 【變更世界設定】

關主說：
【變更世界設定】是遊戲整體環境設定，設定世界標題可以顯示遊戲主題名稱，稱為世界標題，或是設定倒數 3、2、1 功能

2. 切換到【開始遊戲時顯示】選取【世界說明】
按 Esc 回到上一層

關主說：
點選 顯示 4 種選項說明
【無】僅啟動遊戲，沒有任何效果
【世界標題】顯示世界的名稱 3 秒，然後開始玩
【世界說明】顯示世界的名稱，提示使用者按下 ENTER 才開始玩
【倒數】在遊戲開始前顯示 3-2-1 倒數，非常適合賽車遊戲

3. 點選 【玩遊戲】時，顯示遊戲使用說明，並為停止狀態
4. 按下 Enter 鍵才能開始玩

5-6 遊戲整體環境

【變更世界設定】是遊戲的整體環境設定。

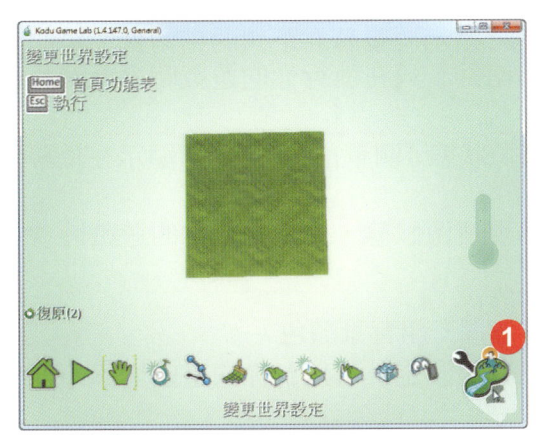

1 點選 【變更世界設定】是遊戲的整體功能設定。

2 上下方向鍵切換不同選項，左右方向鍵變更數值，使用拖曳也可以

玻璃牆	沿著你的世界邊緣創造隱形障礙。這可以預防機器人掉出世界邊緣。熱氣球、雲、噴射機、光源、飛碟、飛船、鬼火、及以火箭可以穿過玻璃牆。
攝影機模式：自由	在你的遊戲執行時，允許你控制攝影機移動。 「固定位置」選項可以在執行你的遊戲時，保持攝影機不動。這對於需要鳥瞰視角的遊戲很有幫助。請注意，在寬螢幕上顯示時，景象會有所不同。 「固定偏移」選項能讓攝影機與其追蹤的物件保持固定的距離和方向。這可能會是游標或機器人。非常適合橫向捲軸遊戲。 「自由」選項是預設值，可以讓攝影機自由拍攝，除非有機器人的程式要求攝影機以第一人稱視角拍攝，或追蹤該機器人。如果你使用固定位置或固定偏移的攝影機選項，按下 X 按鈕，可設定攝影機的位置。

啟動攝影機　設定攝影機	控制你的遊戲開始時，攝影機的擺放位置。如要使用此選項，並且移動攝影機至遊戲開始時想要的擺放位置，請開啟世界設定，選取核取方塊。如果你稍後想要變更位置，可以按下 按鈕，這會進入讓你能自由擺放攝影機至想要位置的模式。
顯示指南針	讓你隱藏通常顯示於螢幕右下角的指南針。編輯時會出現指南針，只在執行你的遊戲時會隱藏起來。
顯示資源狀態	讓你隱藏資源狀態(測量儀)，這通常顯示在螢幕右側。編輯時會出現資源狀態，只在執行你的遊戲時會隱藏起來。
天空：11	為你的世界選擇一組背景顏色。結合天空和光線設定，可以為你的遊戲增添不同氣氛。
光：日	為你的世界選擇一組光。如果你選擇黑暗光設定，那在你執行遊戲時，就只能看見一片黑。編輯時會使用較明亮的光線設定，讓你可以清楚看見你的世界。結合天空和光線設定，可以為你的遊戲增添不同氣氛。
開始遊戲時顯示：無／世界標題／世界說明／倒數／倒數說明	控制在你玩遊戲時，要如何啟動： 「無」：僅啟動遊戲，沒有任何效果。 「世界標題」：顯示此世界的標題 3 秒，然後開始玩。 「世界說明」：顯示世界的名稱，提示使用者按下開始玩。這會使用你在儲存遊戲時提供的說明。 「倒數」：在遊戲開始錢顯示 3-2-1 的倒數。這非常適合賽車遊戲。
偵錯路徑追蹤	當角色遵循著路徑行動時，這會顯示每個角色正朝著哪個導航點前進。目標終點會顯示有顏色的線框，這個線框的顏色會與正朝其前進的角色顏色相同。
效果音量　100	控制你的遊戲效果音量。這包括爆炸，碰撞以及機器人製造出的聲音。
分數可見性：紅色 大聲標記／大聲／安靜標記／安靜／關閉	控制如何凸顯此顏色的分數事件顯示狀態。 【關閉】：不顯示分數。 【安靜】：分數顯示於角落，但不會有任何分數效果。 【大聲】：分數會以動畫方式從遊戲中的得分位置一路顯示至記分板上為止。

5-7 角色功能調整

【變更設定】是角色的個別功能調整。

1. 點選【物件工具】
2. 點選在【角色】上按右鍵【變更設定】

3. 上下方向鍵切換不同選項，按 Enter 或滑鼠點選一下

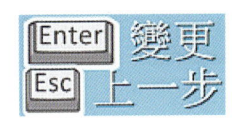

向前移動的速度增加器 1.0	微調此機器人的速度。 數值若為 1.0，即為預設速度。
旋轉的速度增加器 1.0	微調此機器人的旋轉速度。 數值若為 1.0，即為預設速度。
向前加速的速度增加器 1.0	微調此機器人的加速速度。 數值若為 1.0，即為預設速度。
不動	鎖定此機器人的位置，讓它無法朝向任何方向移動。但仍舊可以旋轉。
無敵	讓此機器人堅不可摧，永遠打不死。
顯示生命值	設定時，機器人頭上會出現一條小小的橫條，顯示機器人還有多少體力。

設定	說明
最大生命值 50	這能讓你控制機器人體力值的起始數字。當機器人受到傷害時，體力值數字會下降，接受治療後，體力值數字會上升。
可創造	當機器人被標示為「可創造」時，會有兩種特殊狀況。 第一，如果你複製此機器人，則複製後的機器人會與原本的機器人共用相同的大腦 - 變更其一就會變更全部。在編輯時，你可以看到原本標記為「可創造」的機器人與它的複製人之間有虛線相連。 第二，你現在可以編排其他機器人的程式，完整地創造一個機器人。如果你想在遊戲中持續創造敵人的話，這是個很好用的方法。 請記住，這可能會讓你在不經意間用完這個世界的預算，屆時，創造就會自動停止。
停留在水面上	滑過任何水面。關閉此選項可讓角色飛入水。
捕抓的距離 1.0	這會控制「被抓住」的物件會被帶到多遠的位置。
星光彈傷害量 5	控制此機器人所發射的星光彈會造成多大的傷害。
星光彈裝填時間 0.05	星光彈裝填時間會控制機器人發射星光彈後，下次可發射的時間。單位為秒。
星光彈範圍 35	控制星光彈在消失前可飛行的距離。
星光彈速度 10	控制此機器人在行進間發射星光彈的速度。
立即發射星光彈 40	控制此機器人同時可有多少星光彈在空中飛。 當發射至此數量後，在已發射的星光彈擊中物件或達到最大飛行距離前，機器人無法再次發射。
火箭傷害量 50	控制此機器人發射的火箭在擊中目標後，會對目標造成多少傷害點數。
遮蔽效果	控制此機器人擊中某物或受到傷害時，是否顯示遮蔽視覺效果。
隱形	控制是否完整顯示此機器人。其他機器人仍舊可以看見及聽到此機器。

決戰世界 主題5

鬼	控制其他機器人是否可以看見、聽到，或是碰到此機器人。鬼機器人仍舊可以看見和聽到彼此，但無法觸碰。
偽裝	控制其他機器人是否可以看見、聽到，或是碰到此機器人。鬼機器人仍舊可以看見和聽到彼此，但可以觸碰。
靜音	停用此角色的所有內建音效。仍會播放已編排程式的音效。請注意，其他角色仍舊可以藉由聽覺偵測到此角色現身。
聽見　10.0	控制此角色可聽見多遠距離的其他角色。這不會變更玩家聽到的實際。
附近範圍　5.0	此範圍用於視野和聽覺感應器中的「附近」篩選器。單位是公尺。參考用：地域方塊的長度為半公尺。
遠處範圍　15.0	此範圍用於視野和聽覺感應器中的「附近」篩選器。單位是公尺。參考用：地域方塊的長度為半公尺。
踢的力量　10	控制機器人踢物件的力道。用力踢會讓物件飛很遠。
光芒強度　10.0	讓此物件在發光時，將光亮投射到其他物件上，並且設定光量的影響力有多大。
光源的光強度　0.0	影響此角色的光芒效果亮度。請注意，會發光的角色通常不會將光線投射到其他角色身上。
自行發光的光芒　0.0	設定此機器人發光時照亮自己的強度。
障礙的偵錯行	當角色的程式編排為漫遊、繞圈圈，或是遠離某物時，這會顯示出阻擋其路徑的障礙。
景象和聲音的偵錯行	如果此機器人使用視覺或聽覺，顯示此機器人可看到及聽到哪些機器人。
顯示目前正在編排程式的頁面	在機器人上方顯示目前編排程式的頁面。

101

主題 5 課後練習

遊戲生命值記錄，加入 Kodu、蘋果、及金幣三種角色，製作生命值增加及減少顯示記錄的遊戲。

1. 加入三種角色，Kodu 設定顯示生命值

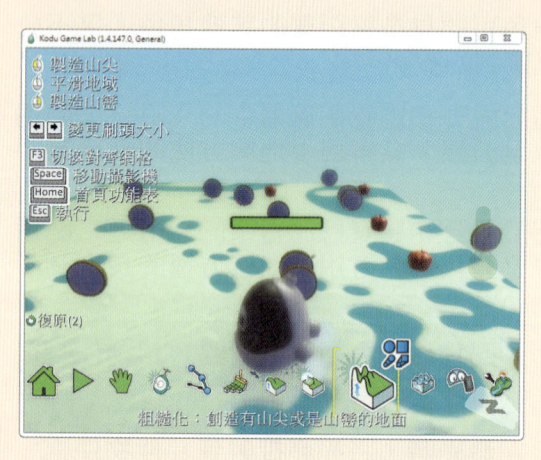

2. 當遊戲開始時，Kodu 碰到金幣時，則頭上生命值會減少，碰到蘋果時，生命值會增加

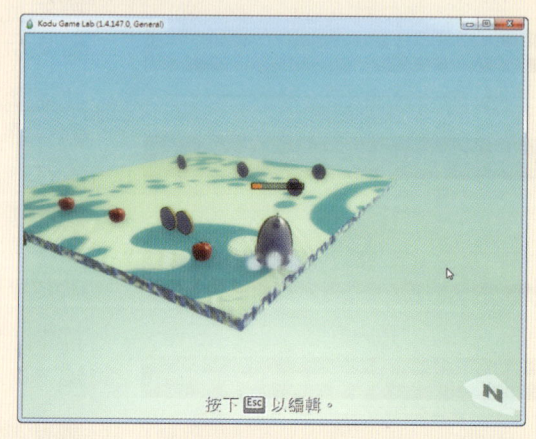

3. 當生命值等於 0 時，就 GAME OVER

4. Kodu 程式碼參考

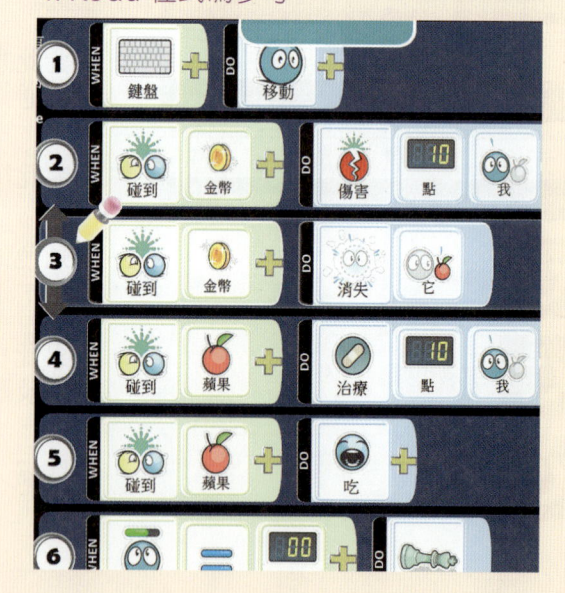

主題 6 魔王對戰

遊戲說明

魔王對戰遊戲模仿傳統打磚塊遊戲方式，擊倒對手的城堡同時保護你領地中的小塔，當按空白鍵時，啟動冰球，玩家移動飛魚，利用撞擊反彈控制冰球的方向，將對手的城堡擊倒全部就贏了，冰球若碰撞到玩家保護的三個小塔就輸了。

學習重點

1. 學習製作圍牆方法
2. 學習選取所有路徑點
3. 學習編排程式設計
4. 學習可創造的技巧
5. 學習砲台的開啟與關閉
6. 學習隨機時間的運用
7. 學習設定攝影機固定角度

範例練習

光碟 \ 範例檔 \ch06\ 魔王對戰

6-1 設計場景

6-1.1 刷繪場景

使用地面刷具，刷繪二種不同材質的場景。

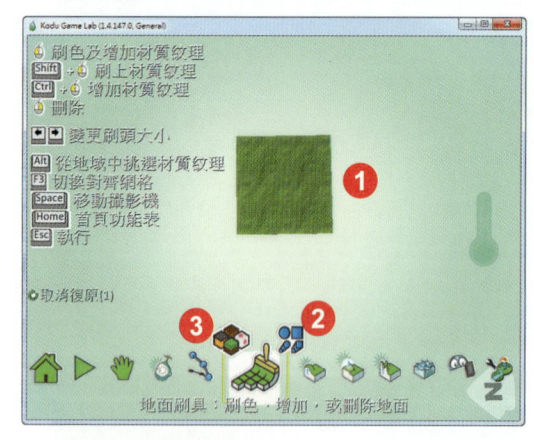

1. 啟動 Kodu 並選取【新世界】，再使用 ✋ 調整視角
2. 點選 🖌 後選取 🎨，再選取 ⬤【圓心實形工具】
3. 再點選 🧊，再選取 🟩【20號材質】
4. 使用左右方向鍵調整刷具尺寸 
5. 在綠色場景上方點選一下，新增場景
6. 刷圖綠色草地 
7. 切換 🧊【5號材質】刷塗上方

關主說：

二個地板材質，同學可以任意自行組合，不同的配色

6-1.2 新增圍牆

路徑工具可以製作圍牆功能,在製作類似打磚塊遊戲時,就必須有圍牆,做為遊戲周圍的邊界,並具有反彈功能。

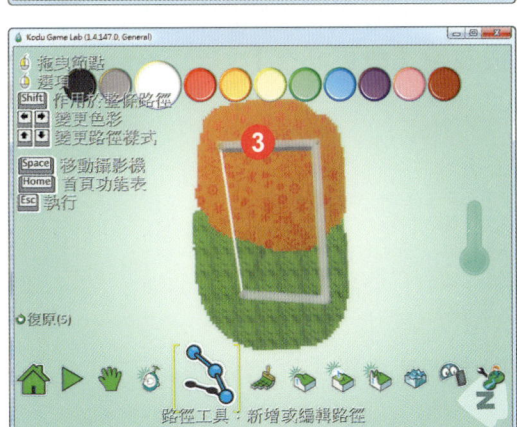

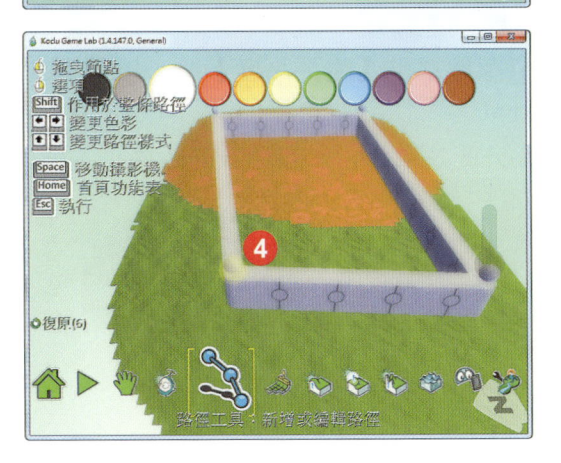

① 點選 【路徑工具】
② 在場景上按右鍵【新增牆】

關主說:

【路徑工具】的四種用途【新增平坦路徑、新增牆、新增道路、新增花朵】

③ 使用點選方式製作矩形圍牆,結束時快點二下

關主說:

【路徑工具】請將終點與起點在同一個位置,就會自動接上

④ 游標移到圓點時,當周圍發亮時,表示選取狀態,移動圓點,將圍牆調正

關主說:

Kodu 選取角色物件,或是路徑圓點時,會有發亮效果,即表為選取狀態,按 Delete 可進行刪除工作,或是移動⋯

調整前圍牆　　　調整後變成長方形

6-1.3 升高圍牆

圍牆有 4 個圓點所組成，因此要升高圍牆整體高度時，就選取同時升高 4 個圓點高度。

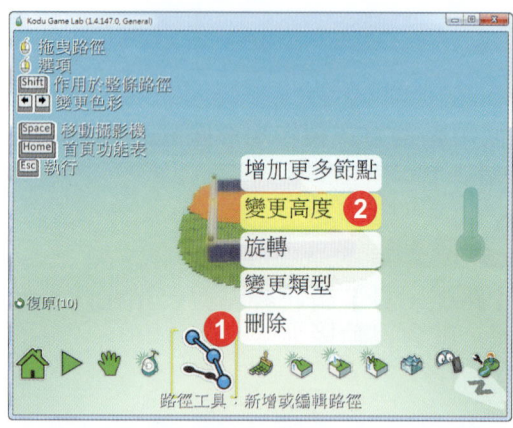

1. 使用【路徑工具】選取單點，再按 Shift【作用於整條路徑】就會同時選取路徑上的所有的圓形控制點
2. 按右鍵【變更高度】

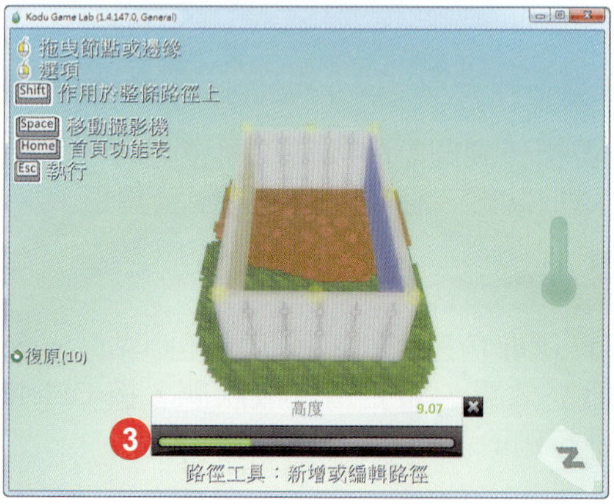

3. 拖曳高度指數，圍牆就變高了

關主說：

若只選取單點【變更高度】時，就只有單點升高，製作造型圍牆了

單點升高效果　　　整體升高效果

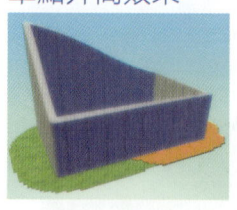

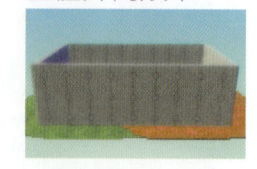

魔王對戰 主題 6

6-2 安排角色

6-2.1 飛魚主角

飛魚只能移動，當冰球來時，必須趕快靠近去碰撞它，讓冰球往上移動，擊毀對方的城堡。

① 點選【物件工具】
② 在圍牆內點選一下

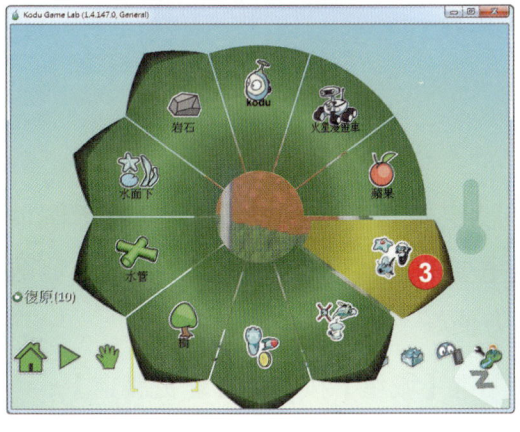

③ 點選 再選取

關主說：
【飛魚】飛魚會快速盤旋和轉身，動作活潑可愛

6-2.2 敵方城堡

在圍牆上方建立多個城堡，當所有城堡被冰球碰撞全部消失時，則玩家就贏得遊戲。

107

Kodu 主題式 3D 遊戲程式設計

① 點選 【物件工具】

② 在圍牆上方選一下

關主說：
調整視角時，請按空白鍵，可即時切換成【移動攝影機】功能，在編輯時非常方便。

③ 點選 再點選 【城堡】

關主說：
城堡不太會移動，另外某些東西碰上它時，會自行被撞飛

6-2.3 可創造性

所有的城堡，若要有相同的尺寸及程式碼，設定為可創造，再進行複製多個城堡，那麼所有城堡都具有相同的屬性尺寸及最重要的程式碼也都相同，若是有修改單個城堡時，所有的城堡都會同時更新，非常方便好用。

① 點選【城堡】按右鍵【變更設定】

關主說：
【變更設定】是角色的功能設定調整，例如顯示生命值、生命值指數、可創造、火箭、星光彈強度等

關主說：
請注意當角色設定為可創造時，則原始角色在遊戲開始時，會自動消失

魔王對戰 主題6

② 上下方向鍵切換選項到【可創造】並啟動它

啟動狀態　　　　關閉狀態

關主說：

【變更設定】中的【無敵】若啟動時,那麼就會變成打不死的無敵鐵金剛了

無敵

③ 使用複製貼上方式,製作五個城堡,仔細看哦,可創造所複製的物件,會有虛線指向原始城堡,表示有關聯哦!

關主說：

變更尺寸時,則全部都會一起改變

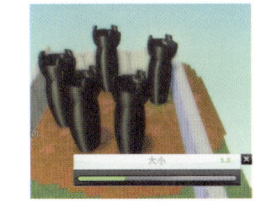

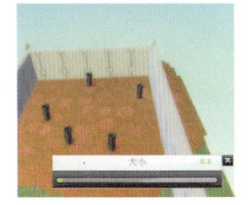

6-2.4 小塔砲台

飛魚要守衛三個小塔砲台,不要讓冰球碰到,若三個都被碰撞,會消失並輸了結束遊戲。

① 點選 【物件工具】
② 在圍牆內選一下

關主說：

調整視角時,請按空白鍵,可即時切換成【移動攝影機】功能,在編輯時非常方便

Kodu 主題式 3D 遊戲程式設計

3 點選 再點選【砲台】

關主說：
增加一個紅色砲台，完成程式碼後，再複製另外二個相同的紅色砲台

4 左右方向鍵將砲台設定為紅色
5 拖曳方式移至飛魚後方

6 在圍牆中間再增加一個黑色砲台

關主說：
黑色砲台做為遊戲開始時，由中間黑色砲台位置發射冰球

6-2.5 碰撞的冰球

冰球非常適合快速遊戲，因為它不受摩擦力的影響，可以快速地飛來飛去，反彈時也不會減速。

❶ 點選 【物件工具】
❷ 在圍牆內選一下

❸ 點選 再點選 【冰球】

關主說：
紅色小塔及城堡被冰球碰到時，都會消失，冰球是遊戲的重點哦！

❹ 在冰球按右鍵【變更高度】讓冰球在飛撞時，高度合適能順利撞到其他角色
❺ 選取【變更設定】啟動【可創造】

可創造

6-2.6 空中裁判飛船

飛船在空中緩慢移動監看，看看是誰贏了

Kodu 主題式 3D 遊戲程式設計

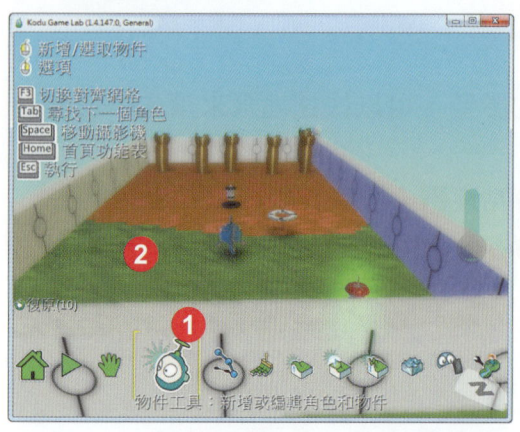

① 點選 【物件工具】
② 在圍牆內選一下

③ 點選 再選取 【飛船】

關主說：

【飛船】會緩慢地四處飛行，高度設定在空中，就不會被冰球碰撞到

④ 在飛船上按右鍵【變更高度】

關主說：

飛船高度設定約為 8 左右

高度	8.04

6-3 程式設計

6-3.1 飛魚左右移動

飛魚限制左右移動，碰撞冰球反彈，保護紅色小塔砲台，不被冰球碰撞到。

魔王對戰 主題 6

❶ 點選在飛魚按右鍵【編排程式】

關主說：

請注意右下角的 z 是指北針，白色箭頭指向的位置就是北方，因此要注意飛魚左右移動設定，其實是南北移動，不是東西向哦！

❷ 程式說明
第 1 列程式：左鍵控制飛魚往北移動快速
第 2 列程式：右鍵控制飛魚往南移動快速
第 3 列程式：碰撞到冰球時，發射強的力道往東

6-3.2 黑色砲台啟動冰球

中央黑色砲台，當按空白鍵時，發射冰球，接黑色砲台就關閉消失了。

❶ 點選在黑色砲台按右鍵【編排程式】

❷ 第 1 頁程式碼
第 1 列程式：按空白鍵時切換至第 2 頁程式
第 2 列程式：黑色砲台關閉

關主說：
上方會顯示第 1 頁程式

113

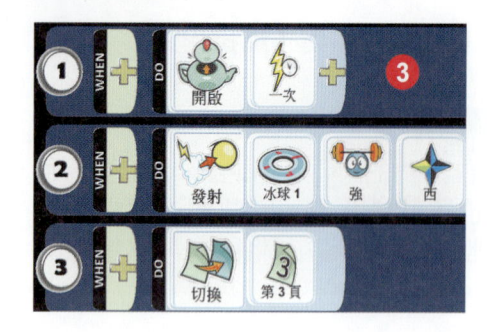

❸ 第 2 頁程式碼
第 1 列程式：黑色砲台只開啟 1 次
第 2 列程式：發射冰球 1 強度往西
第 3 列程式：切換至第 3 頁程式

關主說：
上方會顯示第 2 頁程式

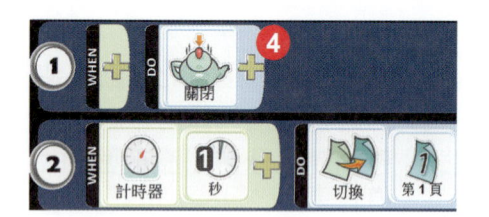

❹ 第 3 頁程式碼
第 1 列程式：黑色砲台關閉
第 2 列程式：計時器等 1 秒後，切換到第 1 頁程式頁

6-3.3 城堡創建冰球

敵方城堡被冰球碰撞時會爆炸，亂數方式產生冰球，讓遊戲更刺激。

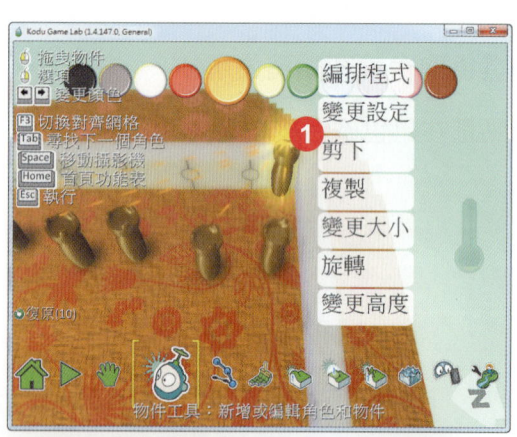

❶ 點選在原始城堡按右鍵【編排程式】

關主說：
第 1 個城堡我們設定為【可創造】的，其他城堡都是複製來的，會看到所有虛線都會指向原始城堡

❷ 第 1 頁程式碼
第 1 列程式：碰到冰球時切換到第 2 頁

魔王對戰 主題 6

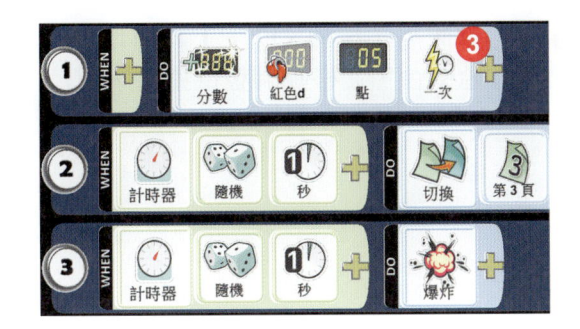

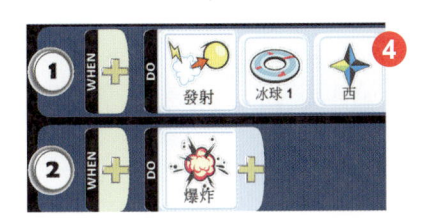

❸ 第 2 頁程式碼
第 1 列程式：增加紅色分數 1 分 1 次
第 2 列程式：隨機 1 秒內切換至第 3 頁
第 3 列程式：隨機 1 秒內爆炸

🧑‍💻 關主說：
第 2 行與第 3 行都是 1 秒內隨機產生，因此只會亂數執行 1 列程式一個，不是爆炸，就是切換第 3 頁，但不會同時執行，因為電腦速度處理很快

❹ 第 3 頁程式碼
第 1 列程式：發射冰球 1 往西
第 2 列程式：城堡再爆炸

🧑‍💻 關主說：
冰球碰到城堡時，城堡有時直接會爆炸，或是有時會創造新的冰球後，再爆炸

6-3.4 紅色小塔砲台

三個紅色小塔是飛魚要保護的對象，當三個紅色小塔都碰到冰球後，遊戲就輸了。

❶ 點選在紅色砲台按右鍵【編排程式】

❷ 設定碰到冰球就爆炸自己

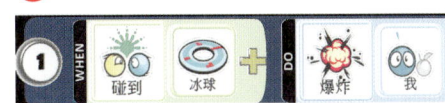

115

Kodu 主題式 3D 遊戲程式設計

❸ 按右鍵使用【複製、貼上】拷貝增加二個紅色砲台,並移動調整位置

6-3.5 空中裁判飛船

空中觀看比賽結果的飛船,當城堡全部消失時就贏得遊戲,如果三個紅色小塔砲台,全部消失時就輸了,程式碼寫在空中的飛船裁判長。

❶ 點選在飛船按右鍵【編排程式】

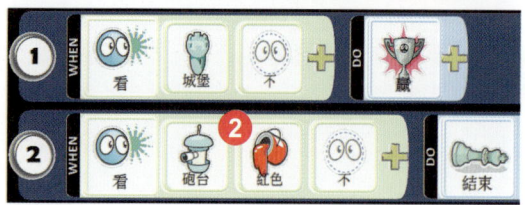

❷ 程式說明
第 1 列程式:當看不到城堡就贏了
第 2 列程式:當看不到紅色砲台就輸了

關主說:

黑色砲台用來發冰球,紅色砲台三個是飛魚要保護的,有二種不同顏色的砲台

6-3.6 固定攝影機角度

Kodu 預設的攝影機視角是自由，會隨玩家控制的角色，調整視角，魔王對戰，必須切換為固定視角，遊戲才能順利進行。

❶ 點選 【變更世界設定】

關主説：
【變更世界設定】是遊戲的整體環境設定

❷ 攝影機模式點選固定位置
❸ 點選設定攝影機 Ⓧ

❹ 調整好視角時，游標在飛魚處點選一下
❺ 再按 Enter 確定鍵，就完成固定視角的調整

主題 6 課後練習

請再增加第二組不同色彩的城堡,當冰球碰新城堡時,會創造出四爪大機器人,並且會發射火箭往西,攻擊飛魚,如果飛魚被擊中時,就會爆炸就輸了。

1. 創建第 2 組城堡

2. 新城堡碰到冰球時,會創造四爪大機器人

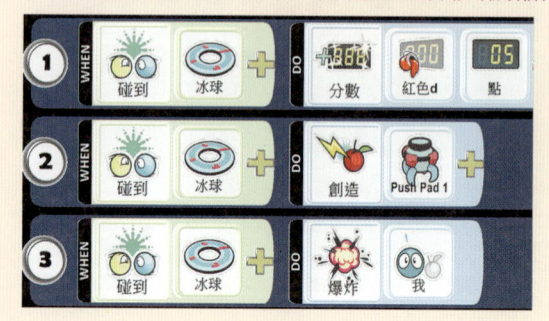

3. 四爪大機器人設定為【可創造】

4. 四爪大機器人會發射火箭砲擊飛魚

主題 7 跳躍闖關

遊戲說明

玩家所操縱單輪車吃到愛心就具跳躍能力，才能跳到對岸吃金幣，但跳躍能力僅能維持 5 秒鐘，5 秒鐘之後能力便會回到原來的狀態。如果碰到紅色的材質土地就輸了，玩家碰到金幣就贏得遊戲。

學習重點

1. 學習製半圓形場景
2. 學習場景造型的組合切割
3. 學習場景變更材質
4. 學習場景升高厚度
5. 學習愛心自動發光設計
6. 學習補充力量才有跳躍功能
7. 學習碰到不同材質就輸了
8. 學習全螢幕對話框做法

範例練習

光碟 \ 範例檔 \ch07\ 跳躍闖關

7-1 設計場景

7-1.1 圓形場景

使用地面刷具,刷繪二種不同材質的場景。

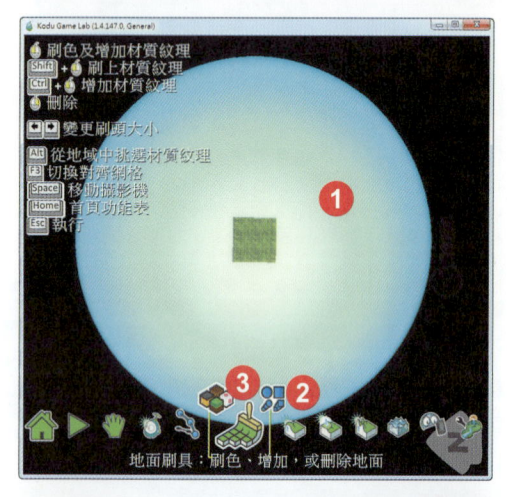

① 啟動 Kodu 並選取【新世界】,再使用 調整視角

② 點選 後選取 ,再選取 【圓心實形刷具】

③ 再點選 ,再選取 【54 號材質】

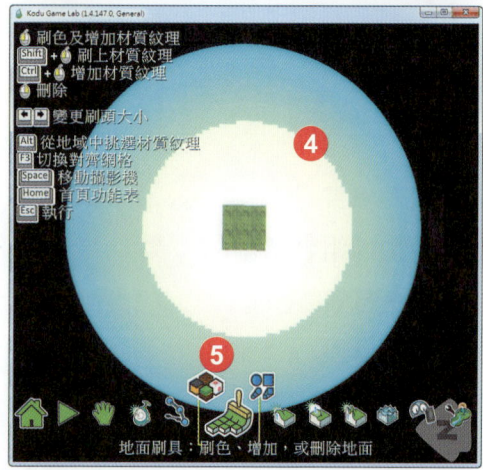

④ 左右方向鍵調整圓形的尺寸變大,點選一下

⑤ 再點選 ,再選取 【15 號材質】

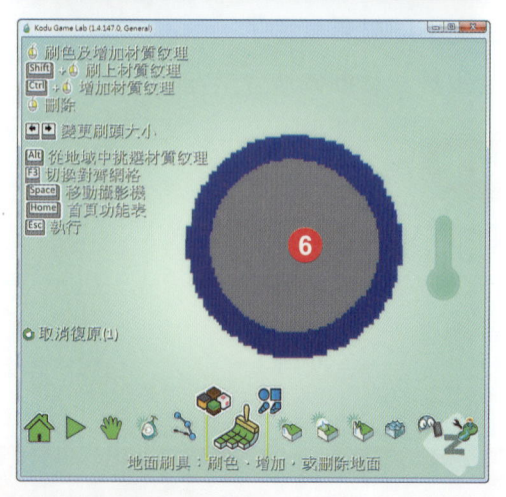

⑥ 左右方向鍵調整圓形的尺寸變小,點選一下

關主說:

大約是同心圓的作法,下層是深藍,上層是綠色

7-1.2 半圓形做法

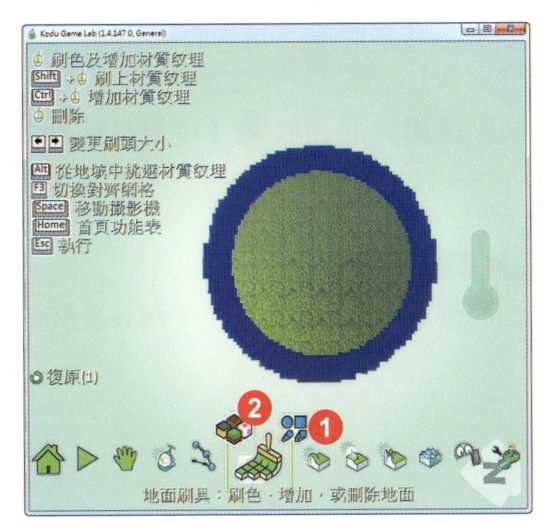

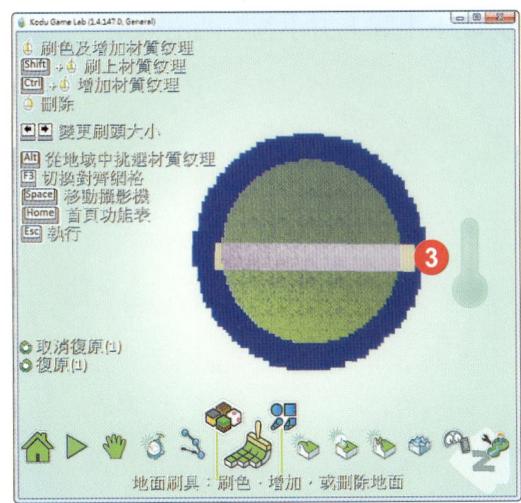

1. 點選 🖌 後選取 🎨，再選取 📐 【方形直線刷具】
2. 再點選 🧊，再選取 🟦 【54號材質】

3. 拖曳方式繪製由左而右的長方形

關主說：
方形直線刷具使用相同的深藍色【54號材質】刷過，才可以哦！

4. 完成半圓形的製作

7-1.3 小圓形製作

① 點選 ✏️ 後選取 🔷，再選取 ⭕【圓心實形刷具】

② 再點選 🟫，再選取 🟩【15號材質】

③ 在下半圓下方點選一下

關主說：

請注意 🟩【15號材質】和下半圓必須相同哦！

④ 完成下半圓上方小圓點凸出效果

7-1.4 變更材質

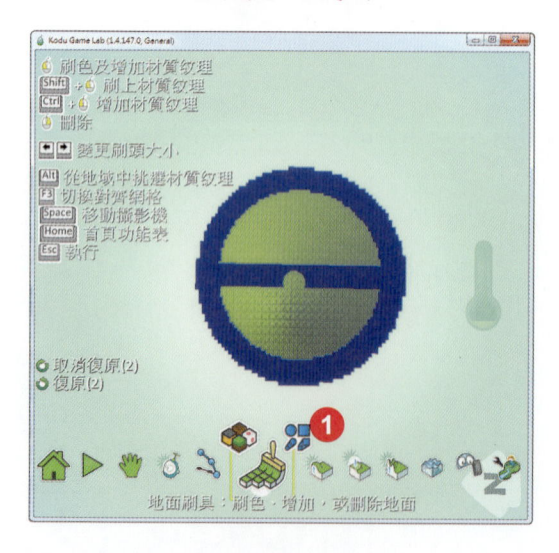

① 點選 ✏️ 後選取 🔷

122

跳躍闖關 **主題 7**

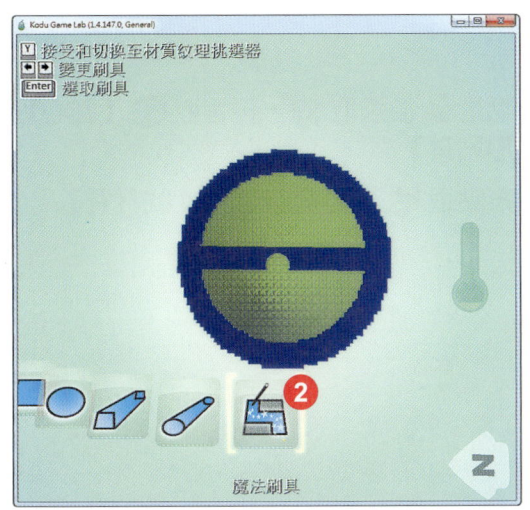

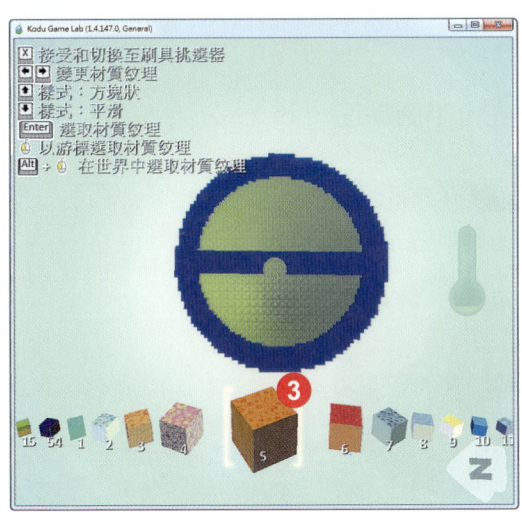

2 選取 【魔法刷具】

關主說：

【魔法刷具】可刷繪材質相同的區域，變更不同材質

3 點選 後再點選 ， 【5 號材質】

4 點選上半圓就完成變更材質工作

關主說：

上下圓的材質請同學自行搭配不同，請記住材質編號

123

Kodu 主題式3D遊戲程式設計

7-1.5 上半部小圓

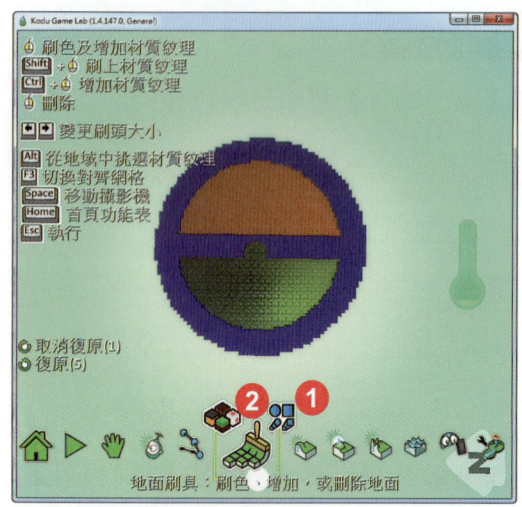

1. 點選 🖌 後選取 🎨，再選取 ⚪【圓心實形刷具】
2. 再點選 🧊，再選取 🟫【6號材質】

3. 在上半圓點選一下

關主説：
完成上半圓小圓點製作

7-1.6 升高厚度

1. 點選 🟢 再點選 🎨

124

❷ 點選 【魔法刷具】

關主說：

【魔法刷具】可刷繪材質相同的區域，變更不同材質

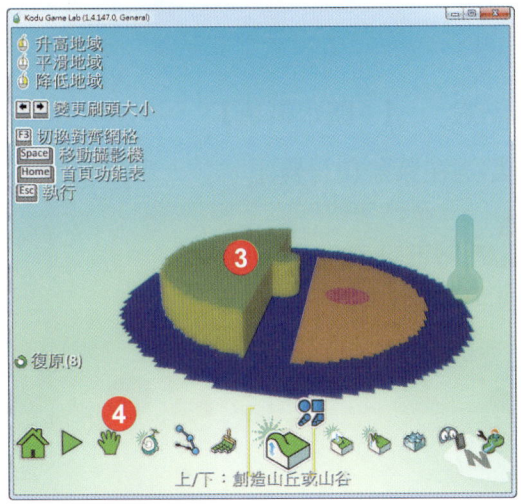

❸ 在綠色草上地點選升高地域

❹ 點選 【移動攝影機】調整不同視角，觀看升高效果

關主說：

左上角操作提示說明

升高地域
平滑地域
降低地域

由上往下看視角 　　　約 30 度俯視 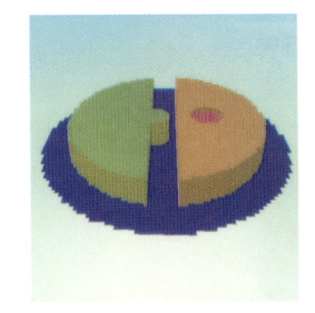　　　水平視角

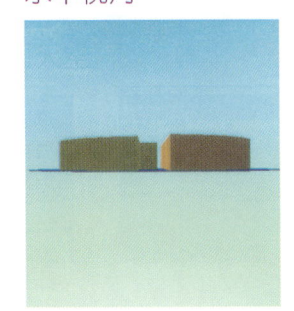

7-1.7 填注水區

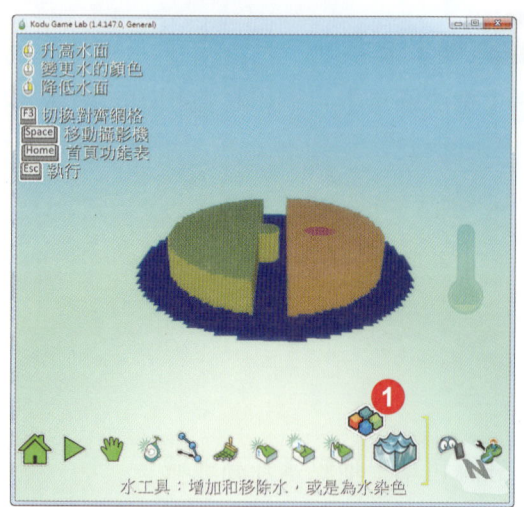

① 點選 🧊 再點選 🎲

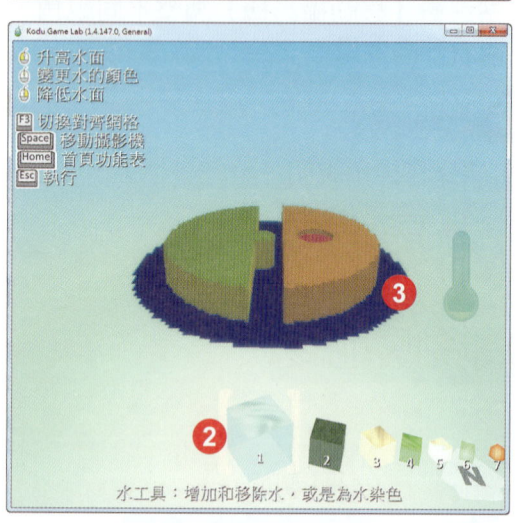

② 點選 【1號水染色】

③ 點選在深藍色材質上

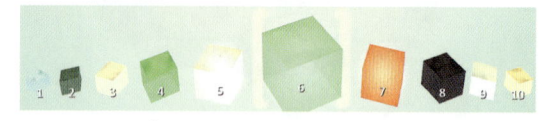

關主說：
共有 10 種水染色

④ 完成水區填注水工作

關主說：
調整視角觀看效果

7-2 安排角色

7-2.1 主角單輪車

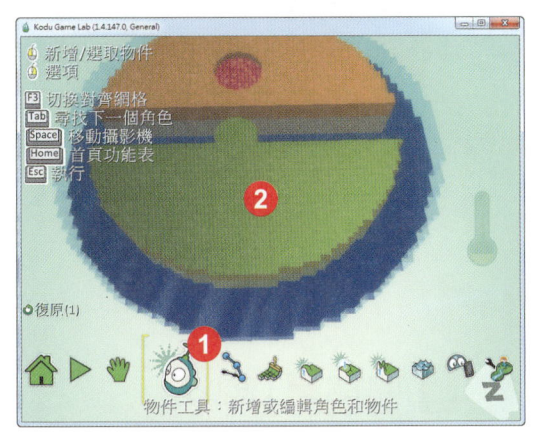

1. 點選 【物件工具】
2. 在綠色草地上點選一下

關主說：
單輪車速度很快，可以爬上陡峭的山丘，也可以跳躍

3. 點選 再點選 【單輪車】

關主說：
Kodu 支援一般遊戲常用的搖桿，因此有搖桿的程式碼

①	WHEN 搖桿	左搖桿	＋	DO 移動
②	WHEN 搖桿	A 按鈕	＋	DO 跳

4. 在單輪車按右鍵【變更大小】

7-2.2 能量愛心

當單輪車碰到愛心時，才會具有跳躍的能力，安排五個紅色愛心，讓單輪車補充能量。

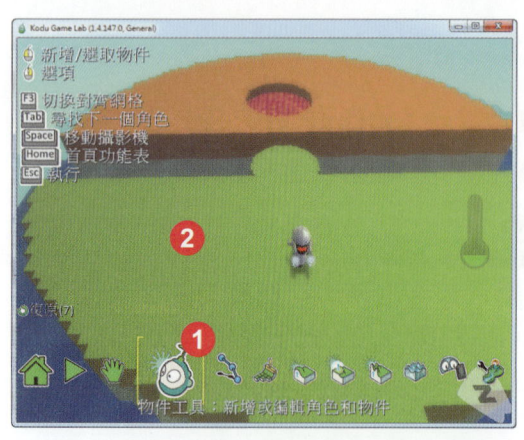

❶ 點選 【物件工具】
❷ 在綠色草地上點選一下

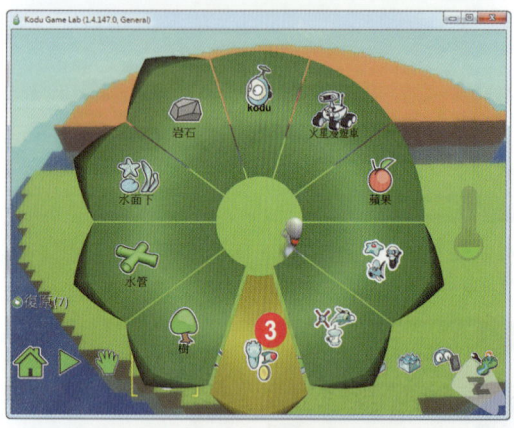

❸ 點選 再點選 【愛心】

關主說：
愛心對恢復體力很有用

❹ 完成愛心加入，再使用【複製、貼上】方式增加多個愛心

7-2.3 獲勝金幣

單輪車碰到金幣就贏了。

❶ 點選 【物件工具】
❷ 在褐色土地上點選一下

❸ 點選 再點選

關主說：
所有經典的大型電玩，都一定有金幣

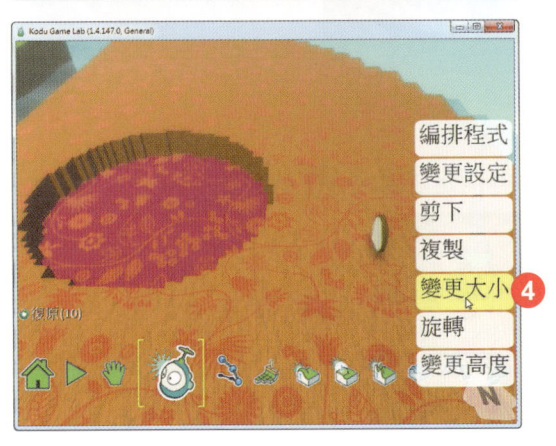

❹ 在金幣按右鍵【變更大小】

129

7-3 程式設計

7-3.1 發光的愛心

紅色愛心設定在遊戲啟動時,具有發光效果。

① 點選【物件工具】

② 點選綠色草地的愛心,按右鍵【編排程式】

關主說:

【光芒】散發出放射性的光芒,可以變更顏色

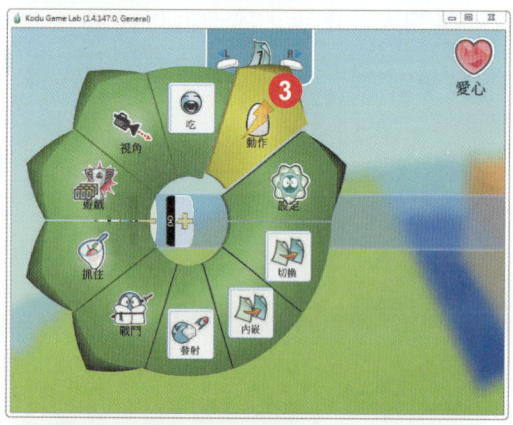

③ 點選 再點選 ,再點選 光芒

④ 再指定加顏色 為白色

7-3.2 獲勝的金幣

當單輪車碰到金幣時播放競賽場音樂，並且贏得遊戲。若是看不到單輪車時，則會說話，並且輸了遊戲。

1. 點選【物件工具】
2. 點選褐色土地的金幣，按右鍵【編排程式】

3. 程式說明
   第 1 列程式：金幣被碰到就播放競技場音效
   第 2 列程式：金幣被碰到就贏得遊戲
   第 3 列程式：看不到單輪車時，說話一次
   第 4 列程式：看不到單輪車時，就輸了

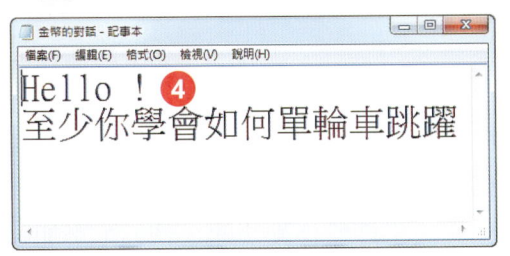

4. 範例檔 \ch07\ 金幣的對話 .txt 文字檔，同學可以複製再貼入說話的對話框中

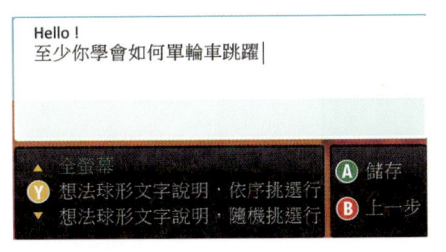

關主說：

金幣對話框，請設定為【全螢幕】模式，如此才會先說話，然後遊戲才結束

7-3.3 主角單輪車

單輪車要取得愛心後，五秒內具有跳躍的能力，超過時效，則必須再取得下一個愛心，跳躍過河，碰到金幣就贏得遊戲。

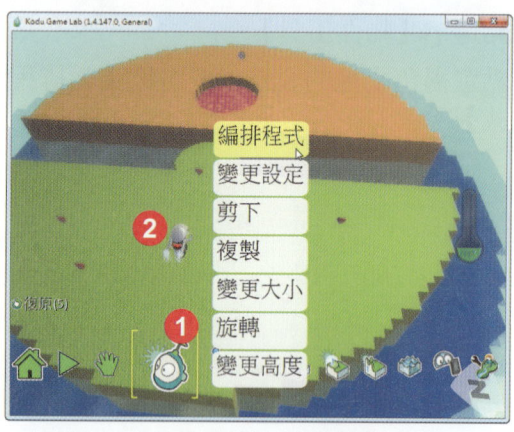

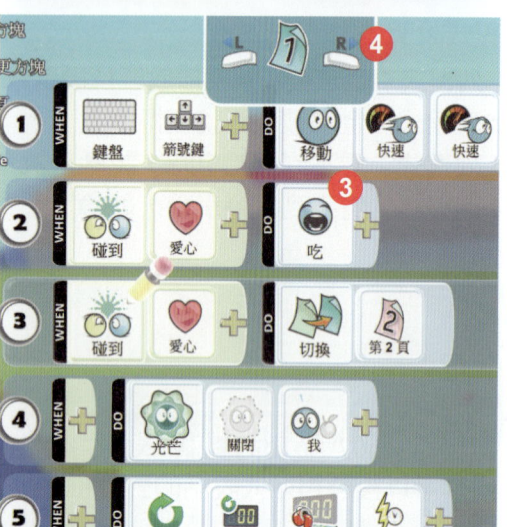

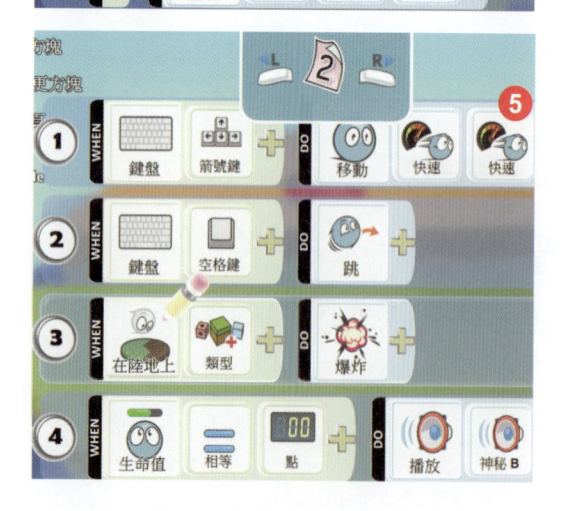

❶ 點選【物件工具】

❷ 點選單輪車，按右鍵【編排程式】

關主說：
按空白鍵時，可以切換到移動攝影機，改變視角

❸ 程式說明
第 1 列程式：鍵盤移動快速 + 快速（累加）
第 2 列程式：碰到愛心就吃掉它
第 3 列程式：碰到愛心就吃掉它，就切換到第 2 頁
第 4 列程式：關閉自己的光芒
第 5 列程式：重設紅色分數歸 0 一次

❹ 點選 切換到第 2 頁

❺ 第 2 頁程式頁面（上半部程式）
第 1 列程式：鍵盤移動快速 + 快速（累加）
第 2 列程式：空白鍵單輪鍵跳起來
第 3 列程式：碰到不同地型指定【材質 6】，就爆炸
第 4 列程式：當生命值等於 0 時，播放神秘 B 音樂

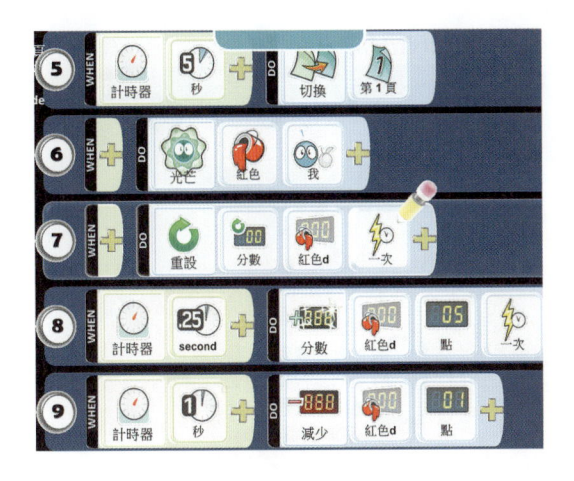

❻ 第 2 頁程式頁面 (下半部程式)

第 5 列程式：計時器 5 秒內切換到第 1 頁程式頁

第 6 列程式：發出紅色光芒

第 7 列程式：重設紅色分數歸 0 一次

第 8 列程式：計時器 0.25 秒增加紅色分數 5 分一次

第 9 列程式：計時器 1 秒減少紅色分數 1 分持續做

7-3.4 開始玩遊戲

1. 方向鍵控制單輪車移動

2. 吃到愛心時，增加 5 分，同時 5 秒內具有跳躍功能

3. 跳躍到對岸，碰到【材質 6】土地，就會顯示對話框，然後才秀出【GAME OVER】輸了

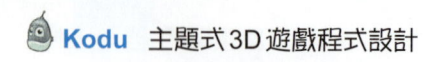

4. 跳躍對岸並且碰到金幣

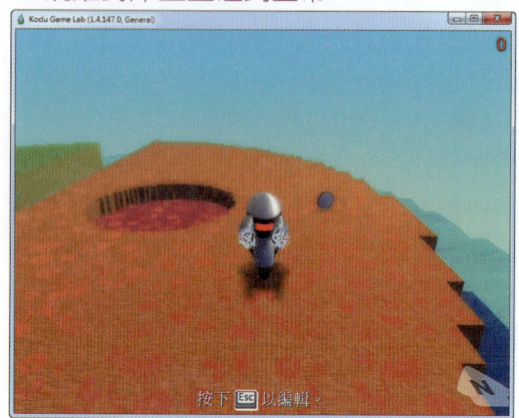

5. 顯示 WINNER 贏了

主題 7 課後練習

請使用地面刷具，變更遊戲的土地材質，然後，在天空加上幾朵白雲及飛船在天空漫遊。

變更場地材質

增加白雲及漫遊的飛船

主題 8 瞬間移動

遊戲說明

主角 Kodu 當吃掉 5 個金幣時，瞬間移動至水塘區場景，要注意閃躲四腳機器，如果被碰到了就輸了。

學習重點

1. 學習設計陸地與水區
2. 學習改變地形及製作水塘
3. 學習顯示資源狀態的應用
4. 學習創造大量的敵人做法
5. 學習創造分身的程式技巧
6. 學習調整遊戲難度

範例練習

光碟 \ 範例檔 \ch08\ 瞬間移動

Kodu 主題式3D遊戲程式設計

8-1 設計場景

瞬間移動遊戲的場景，設計二個不連續的場景，學習讓角色在甲場景消失，在乙場景地出現的效果。

8-1.1 製作山丘

使用【上/下】工具讓地形有高低，製作山丘，設計屬於自己的場景。

① 快點二下 ch08\ 瞬間移動遊戲檔案

關主說：
Kodu 設計的遊戲，儲存檔案後，使用匯出檔案方式，就能將遊戲範例儲存在電腦中

② 點選 調整視角
③ 點選【上/下】創造山丘或山谷再選取

關主說：
Kodu 社群網站，有許多的遊戲範例檔，可以下載觀摩學習

④ 選取 中型圓形刷具

關主說：
中型圓形刷具在設計場景地形，會比較平滑

138

瞬間移動 主題 8

❺ 左鍵點選在地形上就會升高地形

關主說：

滑鼠三個按鍵使用說明
左鍵升高地域
中鍵平滑地域
右鍵降低地域

8-1.2 粗糙化地形

粗糙化能創造山尖或山巒的地形。

❶ 點選 調整視角
❷ 點選 【粗糙化】，再選取

❸ 點選 【實心圓形刷具】

關主說：

實心圓形刷具，只會作用範圍中的地形而已，並不會作用到周圍的地形

139

Kodu 主題式 3D 遊戲程式設計

④ 滑鼠左鍵升高地域，變成山尖效果

關主說：

左上角使用說明

- 製造山尖
- 平滑地域
- 製造山巒
- ◀▶ 變更刷頭大小

8-1.3 水工具應用

運用水工具在低窪地注滿水，製作水塘。

① 點選 【水工具】

② 滑鼠左鍵點選在低地

關主說：

僅可將水新增至地域的頂端，在新增水之前，增加陸地，或是移動游標至現有的陸地

- 升高水面
- 變更水的顏色
- 降低水面

③ 完成加水工具

關主說：

可以改變水的顏色

橙色水域　　　綠色水域

8-1.4 調整天色

❶ 點選 【變更世界設定】

關主說：
【變更世界設定】是遊戲的整體環境設定，天空顏色、玻璃牆、攝影機模式、指南針、顯示資源狀態等

❷ 方向鍵上下變更項目，左右方向鍵變更設定，選取【天空 18】類型

關主說：
點選鍵盤 Y，顯示詳細的使用說明 為你的世界選擇一組背景顏色。結合天空和光線設定，可以為你的遊戲增添不同氣氛

❸ 按 Esc 回到上一步，顯示藍天綠地的天空

關主說：
試著切換不同天空

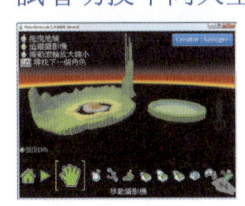

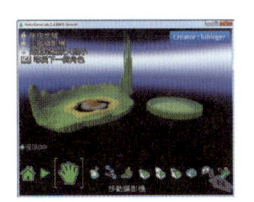

8-2 安排角色

8-2.1 顯示資源狀態

Kodu 是 3D 立體遊戲，各種角色具有動態效果，非常可愛，如果加入太多角色時，那麼在執行遊戲時，電腦可能負荷太重，Kodu 右側的溫度計會顯示，若是溫度太高了，就要刪減角色，執行才會順暢。

① 執行遊戲時，右側溫度計【顯示資源狀態】紅色表示電腦系統負荷太重了

② 右下角並會顯示【太多東西了】

紅色　橙色　黃色　綠色

8-2.2 主角－Kodu

主角 Kodu 必須消失，再出現到另一個場景，必須設定為【可創造】。

① 點選【物件工具】場景上點選加入角色

② 加入 Kodu1 角色

③ 再加入 Kodu2 角色

關主說：

二個 Kodu 有相同尺寸、顏色的 Kodu1 和 Kodu2

④ 點選場景 2 的 Kodu2，按右鍵【變更設定】

關主說：

加入相同角色時，其名稱會自動編號，程式撰寫時，會以編號做為區別

⑤ 啟動【可創造】狀態，按 Enter 鍵切換啟動或關閉

關主說：

當設定為可創造時，在執行會消失，必須使用程式命令創造出來，因此場景中只會顯示 Kodu1 而已

8-2.3 敵人－四腳機器人

四腳機器人會隨意漫遊，當 Kodu 碰到時，就輸了。

① 點選【物件工具】場景上點選加入角色

② 加入【四腳機器人】按右鍵【變更設定】

❸ 啟動【可創造】 狀態

關主説：

四腳機器人啟動【可創造】，當複製角色時，就會具有相同的程式碼，非常方便，按鍵盤 Y 會顯示詳細說明

❹ 並使用複製和貼上方式，再拷貝二個四腳機器人

關主説：

【可創造】的程式碼應用
第 1 個四腳機器人設定【可創造】
第 2 和第 3 個四腳機器人一定要使用複製和貼上方式製作
那麼在第 1 個四腳機器人編排程式時，其他機器人都會有相同程式碼

8-2.4 得分－金幣

經典遊戲中不可或缺的角色，得到金幣加分或是增加生命值。

❶ 點選 【物件工具】場景上點選加入角色
❷ 加入【金幣】按右鍵【複製】

關主説：

當 Kodu 得到 5 個金幣時，就能瞬間移動到圓形水塘場景

❸ 再按右鍵【貼上金幣】
❹ 請複製 8 個金幣在場景各處

8-2.5 陪襯 – 角色

一個好玩的遊戲，合適的場景，當然要有其他陪襯的角色元件，例如白雲、大樹、城堡等，營造出很棒的氣氛。

❶ 點選 【物件工具】點選 樹，再選取 大樹

❷ 加入大樹及岩石

關主說：

四種樹的類型

145

❸ 相同方法加入【白雲、城堡】角色物件

關主說：

天空可以隨時調整

白雲在 類別中

城堡在 類別中

8-2.6 水中 - 角色

Kodu 也有水中類別的角色。

❶ 點選【移動攝影機】切換到水塘區域

❷ 點選【物件工具】加入角色

❸ 點選 水面下，再選取【睡蓮葉】

關主說：

請自己加入喜歡的角色

瞬間移動 **主題 8**

④ 加入水面下的各種角色，並使用複製方式，創造水態水池

⑤ 溫度計的資源狀態顯示

8-3 程式設計

8-3.1 主角－Kodu1

主角 Kodu1 使用鍵盤方向鍵移動，吃 5 個金幣時，就瞬間移動至水塘區場景。

① 點選 🖐 調整視角

② 點選 🔧 並在單輪車上按右鍵【編排程式】

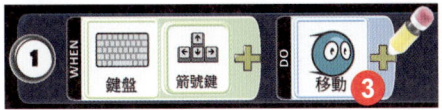

③ 請先完成【鍵盤＋箭號鍵】【移動】再選 ➕

程式說明：使用鍵盤方向鍵，讓 Kodu1 移動

147

Kodu 主題式3D遊戲程式設計

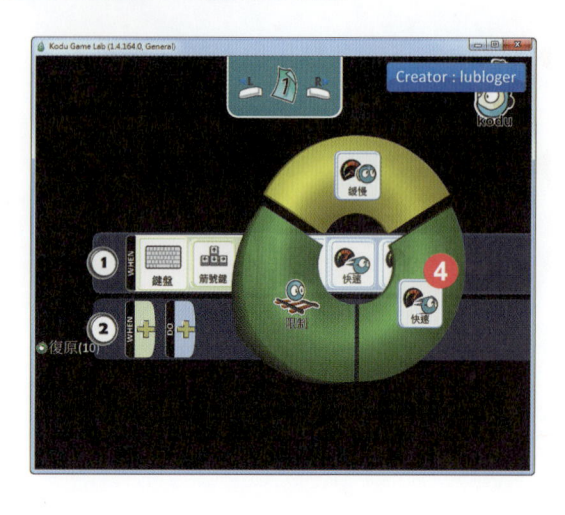

④ 選取 【快速】

關主說：

加入3個快速就是3倍速度

【移動快速】

【移動更快】

【移動最快】

8-3.2 視角跟隨

遊戲場景設計越多元時，山丘、大樹…物件會擋住視角，Kodu1 提供以主角為主的跟隨視角，非常棒。

① 第二列在 DO 點選 ➕，再點選 【視角】

關主說：

不需要任何條件，直接執行程式時，WHEN 保持空白，直接在 DO 加程式碼

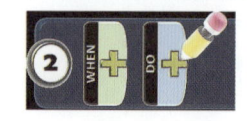

② 選取 【跟隨】視角由主角的後上方觀看

關主說：

視角的三種狀態說明

【跟隨】應跟隨此角色的視角

【第1人稱】從這個角色的眼睛往外看

【忽略】別擔心是否讓此角色保留於視野中

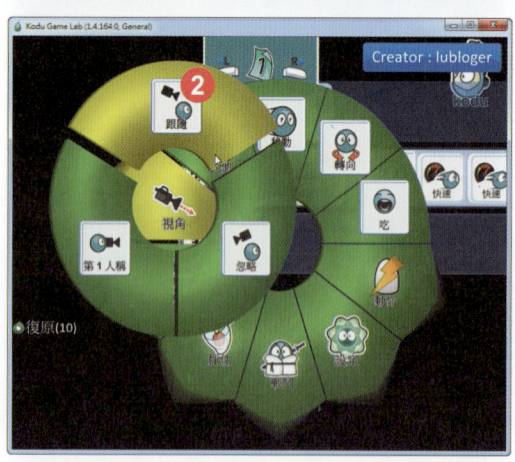

❸ 拖曳調整往上，變成第 1 列，表示優先執行

8-3.3 碰金幣得 1 分

Kodu 碰到金幣就得 1 分。

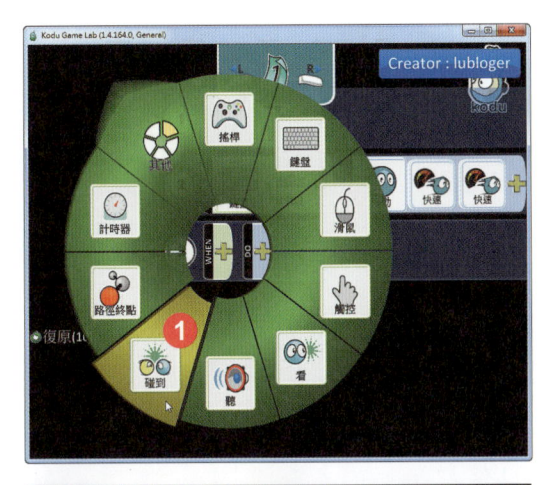

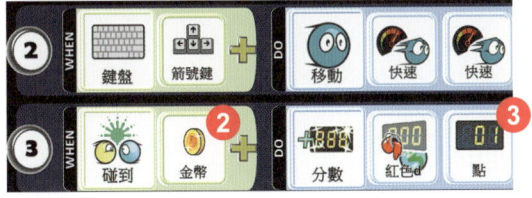

❶ 在第 3 列點選 WHEN 右側的 ➕，再選取 【碰到】

關主說：

【看】透過障礙物或圍牆做阻擋

【聽】在角色按右鍵【變更設定】可以設定感測的距離

❷ WHEN 設定【碰到＋金幣】
❸ DO 設定【分數＋紅色＋1 點】

關主說：

分數設定不同顏色時，就可以運用在不同用途，例如生命值、得分、關卡等

8-3.4 吃掉金幣

吃掉金幣 1 個得 1 分，注意哦！如果是碰到得 1 分，且必須設定吃掉，否則只有碰到就得 1 分時，那麼變成持續碰到狀態時，分數會迅速累加。

❶ 拖曳第 4 列命令往右，表示當第 3 列條件符合時，才會執行第 4 列命令

❷ 在 DO 後面加入【吃＋一次】

8-3.5 得 5 分時 Kodu1 消失

當 Kodu1 吃 5 個金幣得 5 分時，就要瞬間移動到水塘區了，做法就是讓 Kodu1 得 5 分時，就消失。

❶ 第 5 列 WHEN 設定【計分＋紅色＋等於＋5 點】

❷ 在 DO 後面點選【戰鬥】，再選取【消失】

❸ 第 5 列當紅色分數 5 分時，則 Kodu1 消失

8-3.6 睡蓮－創造出 Kodu2

睡蓮在水塘區的場景，和主場景是分隔的不相連的。

❶ 點選【移動攝影機】調整視角
❷ 點選【物件工具】再選取水塘區的【睡蓮】按右鍵【編排程式】

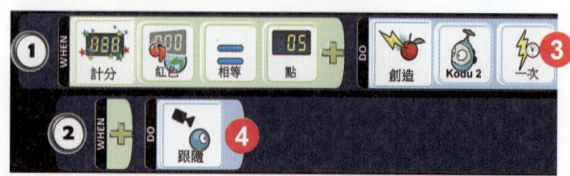

❸ 第 1 列 WHEN 設定【計分＋紅色＋等於＋5 點】DO 設定【創造＋Kodu2＋1 次】
❹ 第 2 列設定 DO【跟隨】

8-3.7 敵人-四腳機器人

四腳機器人設定【可創造】並再複製了二個，那麼 3 個四腳機器人都有相同的程式碼，這是【可創造】的優點。

❶ 點選在第 1 個四腳機器人按右鍵【編排程式】

> **關主說：**
> 誰是第 1 個四腳機器人呢？當選取任何一個四腳機器人時，會有紅色虛線指向第 1 個機器人，很好辨認的

❷ 第 2 列在 DO 後面設定【移動＋漫遊】

❸ 第 3 列設定 WHEN【碰到＋Kodu】DO【結束】

> **關主說：**
> 請檢視 3 個四腳機器人的程式碼是不是都相同，只要在第 1 個四腳機人修改任何程式碼時，其餘的都會一併套用

8-3.8 分身 Kodu2 音樂

當 Kodu1 得滿 5 分時，就會消失，這時在水塘的 Kodu2 才會出現，請設定能移動及視角跟隨命令，並加上音樂。

❶ 在水塘區點選 Kodu2 按右鍵【編排程式】

> **關主說：**
> 在設計 Kodu 常常會使用到 ✋ 移動攝影機，其快速鍵是【空白鍵】，當按空白鍵時，會立即切換為移動攝影機功能，當放開空白鍵時，又會回到原來的功能，這是重要技巧哦！

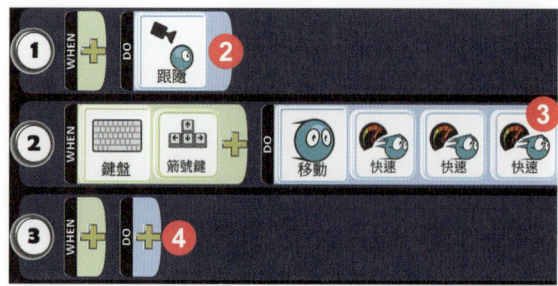

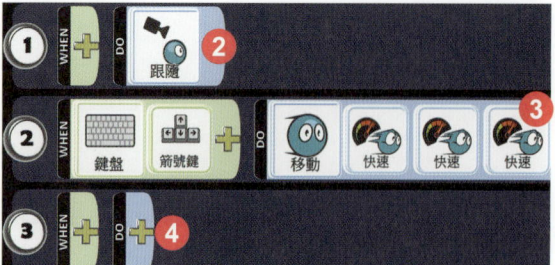

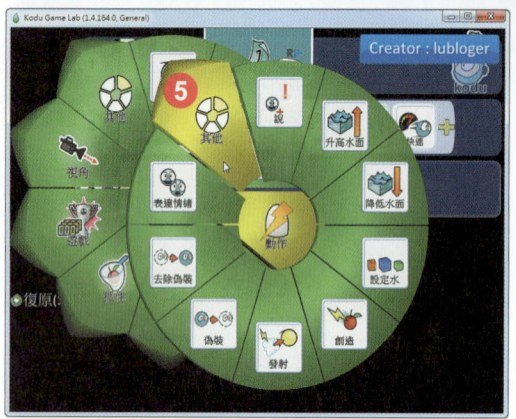

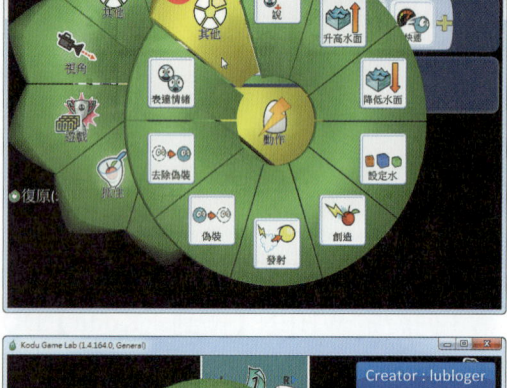

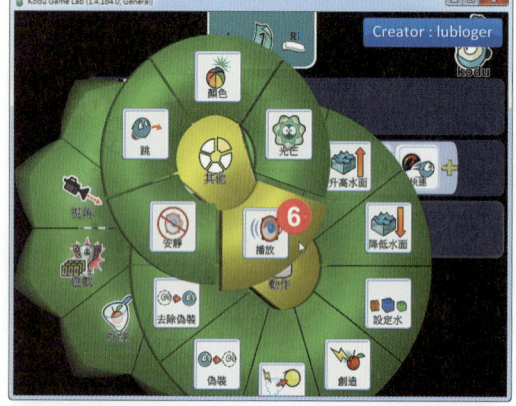

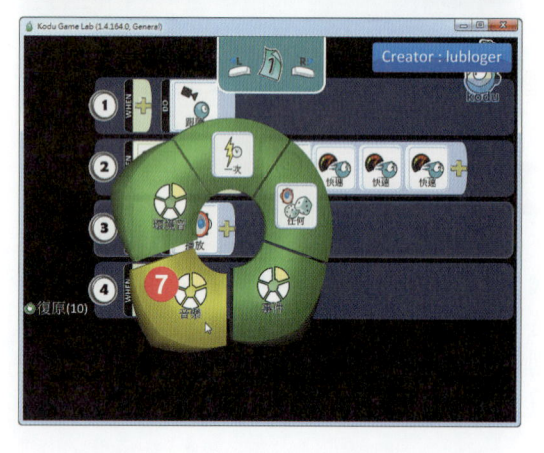

❷ 第 1 列設定 DO【跟隨】視角切換
❸ 第 2 列設定方向鍵能快速移動 Kodu2
❹ 第 3 列點選 DO 右側的

❺ 點選【動作】再選取【其他】

❻ 點選【播放】

> 關主說：

角色發光　改變顏色　角色跳躍　音樂停止

❼ 點選【音樂】類別，聲音有四種類型可以選擇【任何、事件、音樂、環境音】等

> 關主說：

【事件音樂】包含傻氣、爆炸、音樂、遊戲音、雜音、塔防、事件等細項
【環境音】包含環境、海洋、森林、草地、城市、火星、競技場等

主題 8 瞬間移動

⑧ 選取【神秘】的【神秘 A】音樂

關主說：

【音樂】類別包含（新、神秘、驅動力、戲劇性、音樂等）五個細項

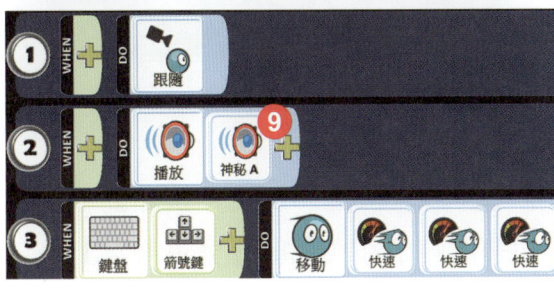

⑨ 完成播放神秘 A 音樂，並拖曳往上為第 2 列

8-4 執行程式

8-4.1 測試遊戲

再好的規劃或設計，難免有意外或疏漏的地方，遊戲設計好時，當然要先玩玩，是否 ok，例如增加難度，改變 Kodu 移動速度等，遇到問題時再修改。

1. 玩遊戲

2. 吃金幣得到 4 分，右上角顯示紅色 4 分

153

3. 被四腳機器人碰到 GAME OVER 遊戲結束

4. 當得 5 分時，Kodu1 消失，Kodu2 出現在水塘區，並播放音樂

8-4.2 調整 Kodu1 速度

Kodu 角色移動速度慢，雖然在程式中使用了【移動＋快速＋快速＋快速】，但四腳機器人的速度是更快，如何再加快 Kodu 的速度呢？在角色的【變更設定】可以再調整。

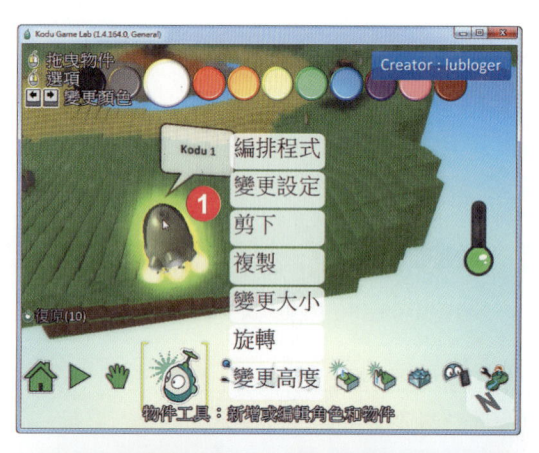

❶ 點選在 Kodu1 角色，按右鍵【變更設定】

❷ 調整【向前移動的速度增加器】為【3.0】提升 3 倍速度

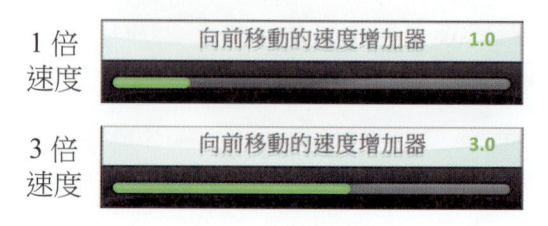

1 倍速度

3 倍速度

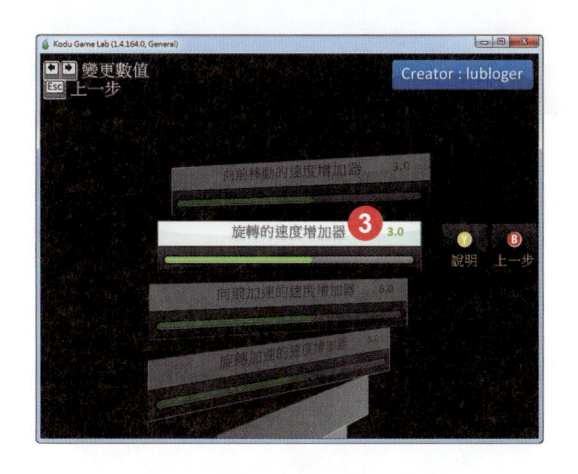

❸ 調整【旋轉的速度增加器】變成【3.0】

8-4.3 增加敵人

Kodu1 速度加快了，容易過關，再增加遊戲難度，增加更多的四腳機器人，因為四腳機器人 1 已設定為【可創造】因此只要複製四腳機器人 1，不用再編輯程式碼，就有相同的功能，非常方便，這在設計遊戲時非常方便哦！

❶ 點選在【四腳機器人 1】會顯示紅色虛線指向第 1 隻
❷ 按右鍵【複製】

❸ 貼上的四腳機器人，每隻改為不同顏色，但都有相同的程式碼

關主說：

當在【四腳機器人 1】修改程式碼時，那麼所有四腳機器人都會同時改變

主題 8 課後練習

增加更多的四腳機器人敵人時，我們再增強主角 Kodu1 的能力，當按空白鍵時，發射星光彈，消滅敵人。

編排程式的射擊命令

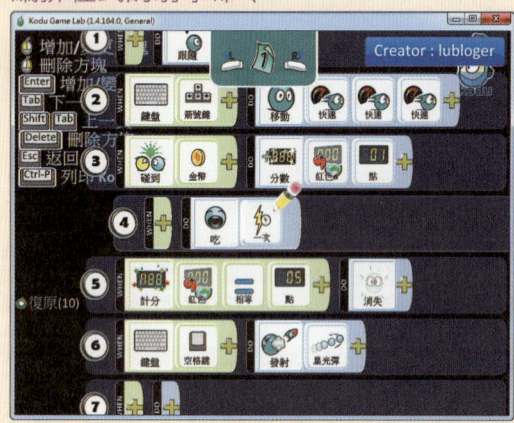

執行遊戲時發射星光彈

主題 9 擂台挑戰

遊戲說明

單輪車要通過四個考驗，可以發射星光彈自衛，記得閃躲章魚的星光彈，避開飛魚的碰撞，不能被加農砲的火箭擊中，吃掉 3 個蘋果，才具備跳躍功能，當完成任務碰到小屋就贏了。

學習重點

1. 學習 Kodu 社群的運用
2. 學習列印角色程式碼
3. 學習搭建場景之間的橋樑
4. 學習新增花朵佈景
5. 學習關閉玻璃牆
6. 學習倒數計時的畫面
7. 學習第 2 頁程式的應用

範例練習

光碟 \ 範例檔 \ch09\ 擂台挑戰

9-1 範例觀摩

9-1.1 Kodu 社群網站

學習任何軟體，觀摩別人的作品，可以快速累積實力，學得更多的創意及使用技巧。

❶ 開啟至【www.kodugamelab.com】網站
❷ 點選【Worlds】範例檔
【Home】回到首頁
【Worlds】Kodu 作品範例
【Discussion】討論區
【About】Kodu 簡介及系統需求
【Resources】教學課程分享

❸ 點選範例檔下載

關主說：

Kodu 的 Worlds 範例檔分為三個類別
【Newest】最新上傳
【Most Downloaded】最多人下載

❹ 點選【Download】下載
❺ Chrome 瀏覽器下載後，會顯示在左下角

9-1.2 列印角色程式碼

遊戲設計時，有很多角色，每個角色設計不同的程式碼，如何知道哪個角色有什麼程式碼呢？請使用【列印階層Kode】就可以將所有角色的程式碼列印出來，方便我們觀摩學習。

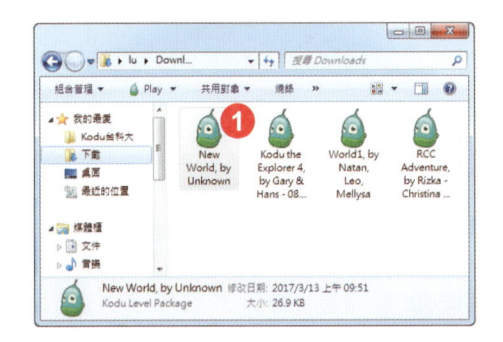

1. 開啟檔案總管時，所有下載的檔案會顯示在【下載區】，快點二下 範例檔

關主說：
Kodu 並沒有檔案\開啟舊檔的選項，請直接在下載的 world 範例檔快點二下，就會啟動 Kodu 程式，並將範例檔開啟，進入玩遊戲模式

2. 進入玩遊戲模式，請先玩玩看
3. 按 Esc 回到編輯模式

4. 點選 【首頁功能表】

關主說：
【首頁功能表】另一項重要功能，就是將我們的遊戲檔案匯出，儲存在電腦中，才能郵寄給朋友觀看哦！

❺ 點選【列印階層 kode】印出全部角色的程式碼

❻ 選取印表機名稱，再點選【確定】

關主說：

如果沒有電腦沒有印表機時，會列印變成 txt 文字檔

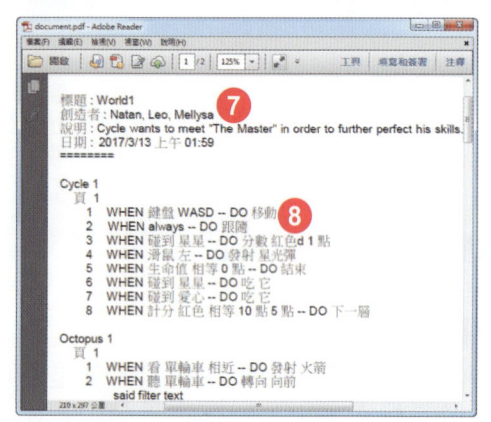

❼ 上方顯示檔案名稱 world1、創造者、說明

❽ 下方顯示每個角色的程式碼

關主說：

範例檔 \ch09 資料夾有【world1 程式碼 .PDF】同學可以開啟來觀看

9-2 設計場景

9-2.1 四分割場景製作

設計擂台挑戰，共有 4 個不連續的場景，學習場景設計相關工具的應用。

❶ 啟動 Kodu 並選取【新世界】，再使用 🖐 調整視角

❷ 點選 🖌 後選取 🔷，再選取 🔵【實心圓形刷具】

❸ 使用左右方向鍵放大刷具尺寸，如白色區域

❹ 在綠色場景中間點選一下

❺ 變成一個大圓形場景

❻ 點選 🖌 後選取 🔷，再選取 ✏️【方形直線刷具】

關主說：

五種刷具

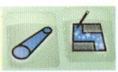

Kodu 主題式 3D 遊戲程式設計

7 按滑鼠右鍵由左而右，及由上而下，就會進行四分割了

9-2.2 增加地域厚度

使用【上/下】工具升高場景厚度。

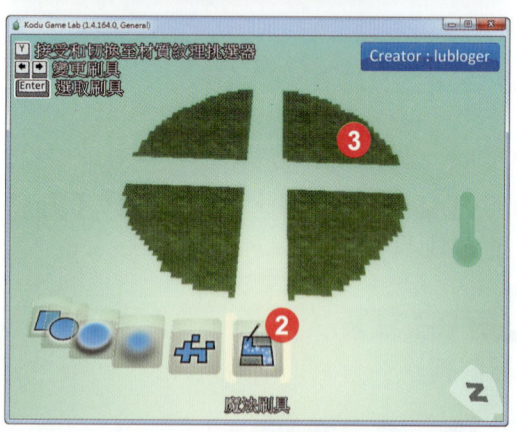

1 點選 🟩 再選取 🔲

關主說：
共有六種不同的刷具

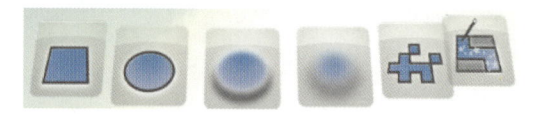

2 點選 🖌️【魔法刷具】

3 在綠色場景點選左鍵升高場景厚度

關主說：

🖌️【魔法刷具】同時升高或降低相同材質的場景

162

❹ 完成四個場景升高厚度工作

關主說：

左上角操作說明提示

升高地域
平滑地域
降低地域
變更刷頭大小

9-2.3 搭建橋樑

Kodu 的 路徑工具，共有【新增平坦路徑、新增牆、新增道路、新增花朵】等四種功能。

❶ 點選 路徑工具，使用點選方式，在二個場景中建立五個點，快點二下結束工作

❷ 選取中間圓形時，按右鍵【變更高度】

關主說：

節點可以控制路徑的高度及方向

163

Kodu 主題式 3D 遊戲程式設計

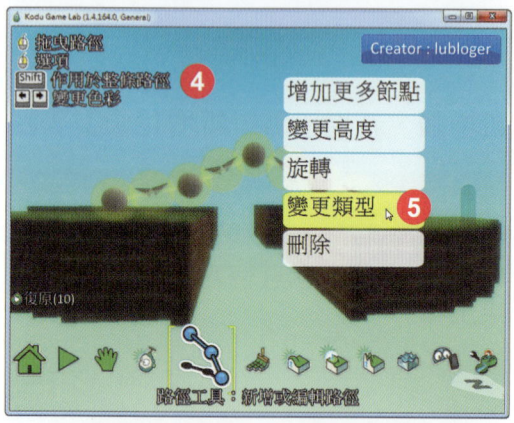

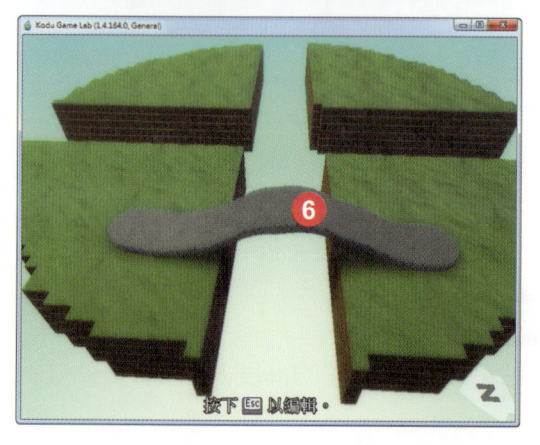

❸ 調整中間三個節點的高度

關主說：
調整時請按空白鍵變成移動攝影機，隨時觀察不同的變化

❹ 按住 Shift 鍵【作用於整條路徑】選取全部的節點
❺ 按右鍵【變更類型】

關主說：
路徑在執行時，編輯設定的圓形節點就會消失

❻ 完成二個場景間的橋樑

關主說：
路徑工具共有 10 種路徑樣式，按上下方向鍵進行切換不同路徑

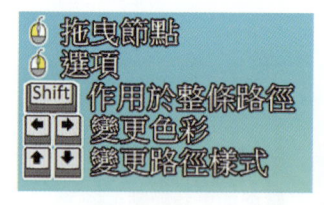

9-2.4 新增花朵

花朵也是路徑工具的一種選項。

❶ 點選 路徑工具，在綠色草地上按右鍵【新增花朵】

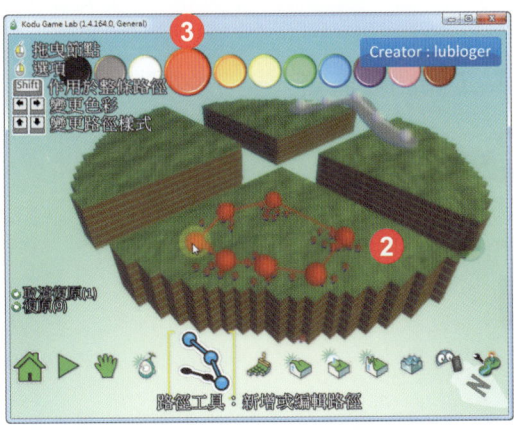

❷ 隨意點選，最後快點二下結束路徑工具

❸ 將路徑改為【紅色】

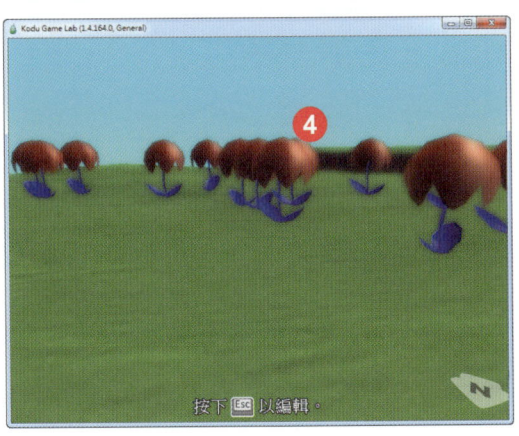

❹ 完成花朵的建立

9-2.5 關閉玻璃牆

玻璃牆是看不見的牆面，角色在移動時，如果到場景邊界會被擋住，如果取消玻璃牆時，則角色到邊界外時，就會掉下去了。

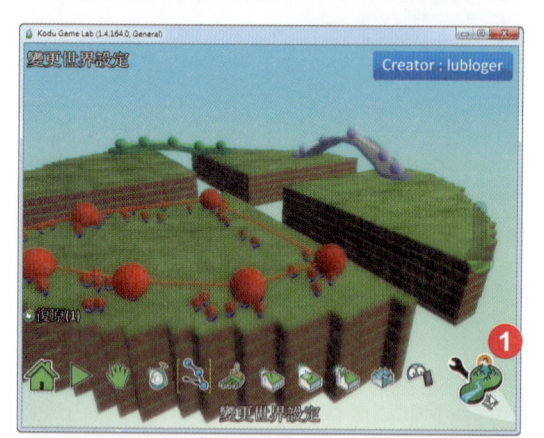

❶ 點選 【變更世界設定】是遊戲的整體環境設定

🧑‍💻 關主說：

【玻璃牆功能】：沿著你的世界邊緣創造隱形障礙，這可以預防機器人掉出世界邊緣。熱氣球、雲、噴射機、光源、飛碟、升綫船、鬼火，以及火箭可以穿過玻璃牆

❷ 點選關閉玻璃牆

🧑‍💻 關主說：

玻璃牆狀態說明

關閉狀態　　　　　　　　啟動狀態

9-3 安排角色

9-3.1 主角 – 單輪車

單輪車的速度很快，可以爬上陡峭的山丘，也可以跳躍。

❶ 點選 【物件工具】
❷ 選取 再選取 【單輪車】

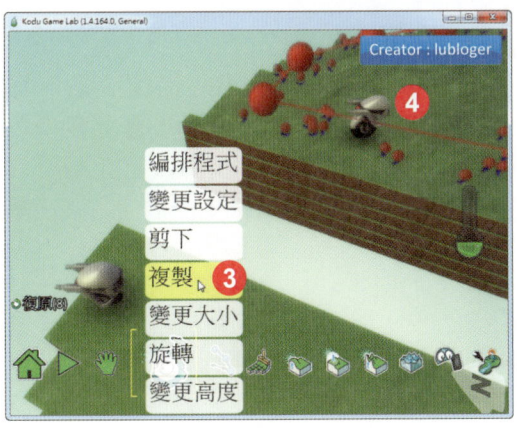

❸ 在單輪車 1 按右鍵【複製】
❹ 在紅花場景按右鍵【貼上】加入單輪車 2

9-3.2 顯示生命值

角色在啟動生命值顯示時，在角色頭上會有綠色橫線，顯示生命值狀態，也可以設定生命值指數，被星光彈打很多發時，才會消失。

① 在單輪車 1 按右鍵【變更設定】

關主說：

【變更設定】是角色個別的屬性設定，移動速度、發射飛彈時間設定⋯各種功能調整

② 設定啟動【顯示生命值】

關主說：

角色頭上會出現一條小小的橫條，顯示機器人還有多少生命值，例如再遭受多少攻擊時，就會被消滅

未設定顯示　　　　顯示生命值

③ 設定啟動【可創造】

關主說：

當角色設定為可創造時，在玩遊戲時，會消失，必須由其他角色使用程式命令創造，才會出現

9-3.3 關卡1-章魚

加入章魚角色做為敵人，讓遊戲更有挑戰性。

❶ 點選 【物件工具】
❷ 選取 再選取 【章魚】

❸ 加入【章魚1】角色，並設定顏色

關主說：
章魚是個滑溜溜的角色，熱愛大海

9-3.4 關卡2-飛魚

飛魚會快速盤旋和轉身，動作活潑可愛。

❶ 點選 【物件工具】
❷ 選取 再選取 【飛魚】

❸ 完成加入飛魚角色

9-3.5 能源蘋果

單輪車吃了 5 個蘋果，才具有跳躍的能力。

❶ 點選 【物件工具】選取 【蘋果】

❷ 在蘋果物件按右鍵【複製】，再按右鍵【貼上蘋果】
❸ 複製 8 個蘋果

9-3.6 岩石角色

運用固定位置的岩石創造出單輪車。

❶ 點選 【物件工具】選取 【岩石】
再選取 【沉積岩】

關主說：
共有 6 種岩石類型【岩石、冰山、沉積岩、火成岩、未知的岩石 1、未知的岩石 2】

❷ 拖曳調整沉積岩的位置

關主說：
沉積岩會創造出單輪車

9-3.7 終點小屋

無論什麼樣的遊戲，這些小屋都是最佳地標。

❶ 點選 【物件工具】，選取 的

Kodu 主題式3D遊戲程式設計

❷ 完成小屋角色的加入

9-4 程式設計

9-4.1 發射星光彈的章魚

章魚隨意漫遊，並會發射星光彈。

❶ 點選【物件工具】，再選取【章魚】按右鍵【編排程式】

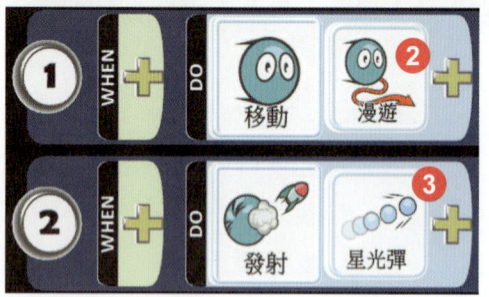

❷ 第1列設定 DO【移動＋漫遊】
❸ 第2列設定 DO【發射＋星光彈】

關主說：

武器有【星光彈、飛彈】二種，飛彈具有導航能力，被擊中就會消滅。星光彈則要擊中多發後，目標才會被消滅

擂台挑戰 主題 9

關主說：

設定章魚主動朝單輪車移動，並持續攻擊單輪車，這樣更緊張了

第 1 列 WHEN【看到＋單輪車】設定 DO【移動＋向前】

第 2 列設定 DO【發射＋星光彈】

9-4.2 漫遊的飛魚

飛魚的行動很敏捷，單輪車被飛魚碰到了，就會消失了。

① 點選【物件工具】，再選取【飛魚】按右鍵【編排程式】

② 第 1 列設定 DO【移動＋漫遊】

③ 第 2 列 WHEN【碰到＋單輪車】設定 DO【消失＋它】

④ 第 3 列內縮 DO 設定【設定分數＋紅色＋0 點】

關主說：

【消失】有二種選擇【我、它】，如果是【我】就是飛魚消失，【它】就是對方單輪車消失

Kodu 主題式 3D 遊戲程式設計

9-4.3 創造單輪車的岩石

遊戲啟動時，岩石就會創造出單輪車 1 次。

1 點選沉積岩按右鍵【編排程式】

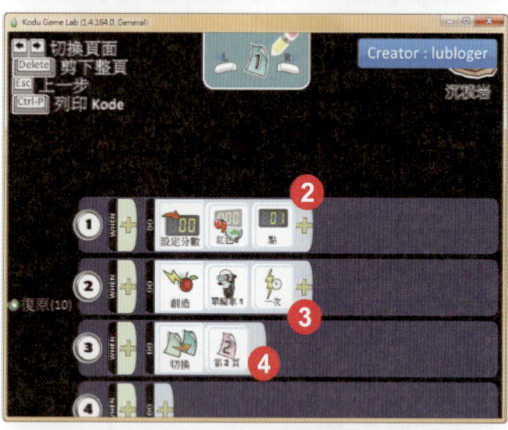

2 第 1 列設定 DO【設定分數＋紅色＋1 點】

3 第 2 列設定 DO【創造＋單輪車 1＋一次】

4 第 3 列設定 DO【切換＋第 2 頁】

關主說：

上方會顯示目前的 第 1 頁

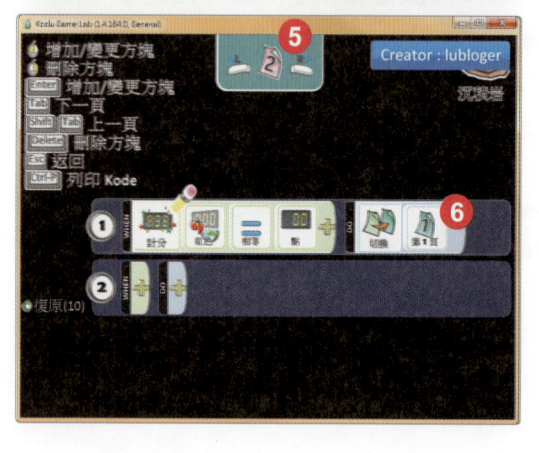

5 第 2 頁程式碼

6 第 1 列設定 WHEN【計分＋紅色＋相等＋0 點】時，DO【切換＋第 1 頁】

關主說：

運用紅色分數來控制是否要創造單輪車，當紅色分數 1 點時，就創造單輪車，並切換至第 2 頁程式頁碼，並將紅色分數設為 0 點，飛魚程式如果單輪車被消滅了，紅色分數就會變成 0 點，又會切換至第 1 頁，再創造單輪車

174

9-4.4 闖關的單輪車

單輪車能發射星光彈,攻擊章魚和飛魚,當吃了 3 個蘋果時,才具有跳躍功能,當跳躍到小屋場景。

① 點選【物件工具】,再選取【單輪車】按右鍵【編排程式】

關主說:
Kodu 程式共有 12 個頁面可以編輯

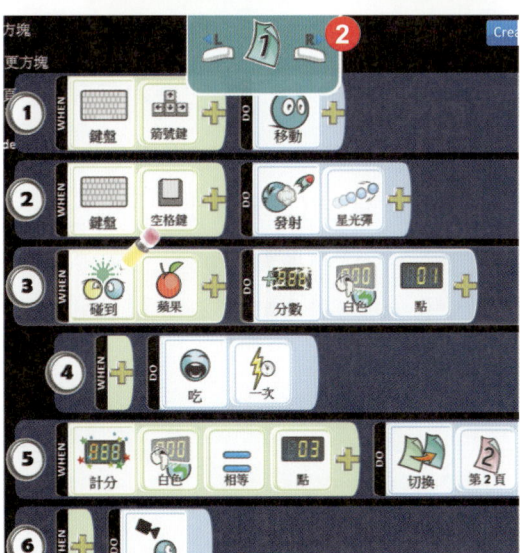

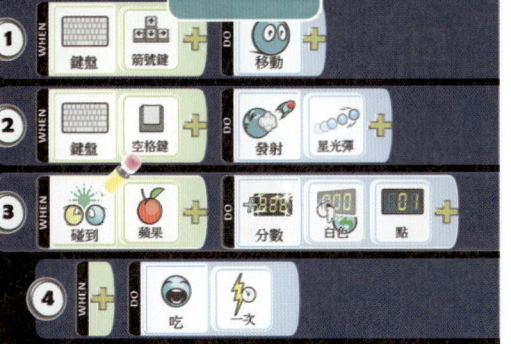

② 第 1 頁程式說明
【第 1 列】方向鍵移動單輪車
【第 2 列】按空白鍵發射星光彈
【第 3 列】碰到蘋果增加白色分數 1 點
【第 4 列】碰到蘋果吃掉蘋果 1 次
【第 5 列】當白色分數等於 3 點時,切換至第 2 頁
【第 6 列】設定視角跟隨

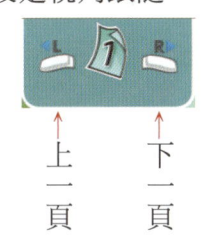

↑上一頁　↑下一頁

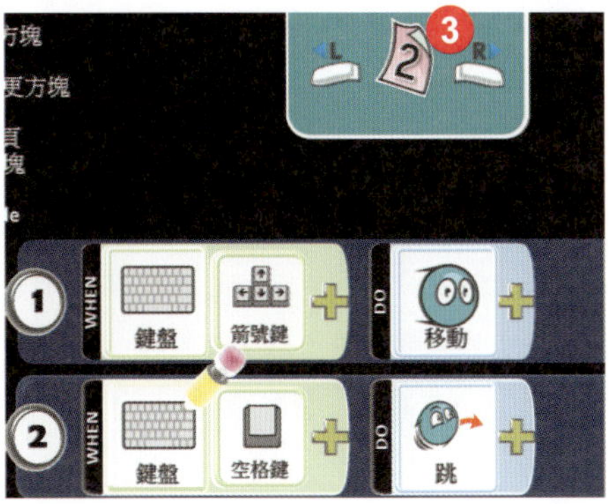

③ 第 2 頁程式說明
【第 1 列】方向鍵移動單輪車
【第 2 列】按空白鍵進行跳躍

關主說:
當到了第 2 頁時,第 1 頁的所有命令立即失效,空白鍵變成了跳躍的功能

9-4.5 終點小屋遊戲結束

當單輪車碰到小屋遊戲就贏了。

1. 點選【物件工具】，再選取【小屋】按右鍵【編排程式】

2. 設定當碰到單輪車時遊戲就贏了

關主說：

贏得遊戲寫在單輪車第 2 個頁面的第 3 行也可以【WHEN 單輪車碰到小屋 -DO 贏了】

贏得遊戲程式寫在【小屋】　　　　　　贏得遊戲程式寫在【單輪車】

主題 9 課後練習

請使用刷具，運用不同材質製作四分割的場景。

場景 3 安排【加農砲】

【變更設定】設定聽見距離，當單輪車到達場景 3 時，加農砲才發射火箭

當單輪車靠近加農砲時，就會往西發射火箭，火箭具有導航功能，若沒有固定方向時，一定會打到目標

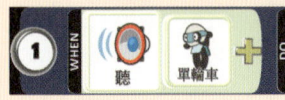

在【變更世界設定】的開始遊戲時顯示，設定【倒數】在遊戲開始時，會顯示【3、2、1】倒數畫面

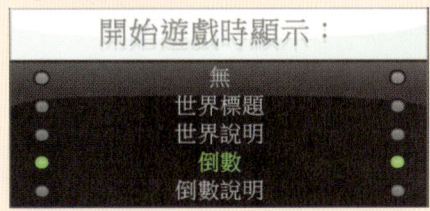

遊戲起始時的倒數【3、2、1】畫面

主題 10 森林城市

遊戲說明

森林城市是 Kodu 嘉年華，非常多的角色，在城堡、森林、草地、湖泊中聚會。鬼火移動速度很快，並且會在背後留下發光的痕跡。飛碟是速度快且最靈活。它們可以立即改變方向。噴射機通常會沿著地面巡航，但你可以編排向上飛或向下飛的程式。

學習重點

1. 學習鬼火發光的做法
2. 學習角色靠近發出警示聲
3. 學習創造性瞬間移動做法
4. 學習變更黑暗模式
5. 學習遊戲開始的說明對話框
6. 學習角色英文名稱轉換圖案

範例練習

光碟 \ 範例檔 \ch10\ 森林城市

10-1 森林城市

森林城市是 Kodu 嘉年華，非常多的角色，在城堡、森林、草地、湖泊中聚會。

10-1.1 鬼火漫遊

鬼火移動速度很快，並且會在背後留下發光的痕跡。

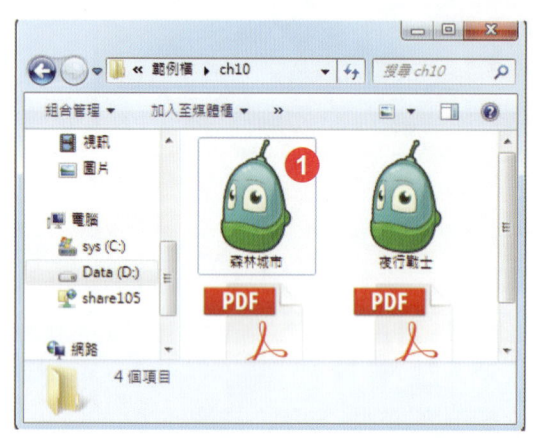

❶ 開啟範例檔 \ch10\ 森林城市

❷ 點選 【角色工具】

❸ 點選 【鬼火】按右鍵【編排程式】

森林城市 主題10

④ 加入程式碼【看】時就緩慢移動

🧑‍🏫 關主說：
程式啟動時，就會自己移動漫遊

⑤ 加入四種顏色鬼火【紅色、橙色、白色、綠色】而且相同的程式碼，當遊戲啟動時，就看到不同顏色鬼火漫遊

10-1.2 飛碟漫遊

飛碟是速度最快且最靈活的角色，它們可以立即改變方向。

❶ 點選 🌀【角色工具】

❷ 點選 🛸【飛碟】按右鍵【編排程式】

181

❸ 加入程式碼【看】時就緩慢移動

> 關主說：
> 程式啟動時，就會自己移動漫遊

10-1.3 主角噴射機

噴射機通常會沿著地面巡航，但你可以編排向上飛或向下飛的程式。

❶ 點選 【角色工具】

❷ 點選 【噴射機】按右鍵【編排程式】

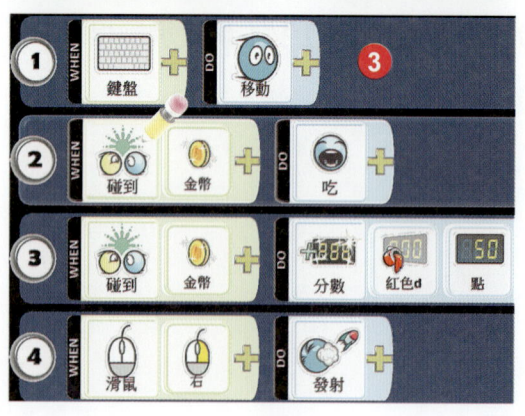

❸ 程式說明
第 1 列程式：鍵盤操控移動
第 2 列程式：碰到金幣吃掉它
第 3 列程式：碰到金幣增加紅色 50 點
第 4 列程式：按滑鼠右鍵發射火箭

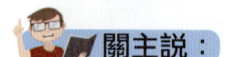

> 關主說：
> 噴射機可以飛到場景外面

森林城市 主題10

④ 遊戲啟動時，按滑鼠右鍵發射星光彈

關主說：
滑鼠右鍵點選那個角色時，星光彈就會射向那個角色

10-2 警示聲響

漫遊的單輪車，當主角 Kodu 靠近單輪車時，就會發出警示聲響。

10-2.1 漫遊的單輪車

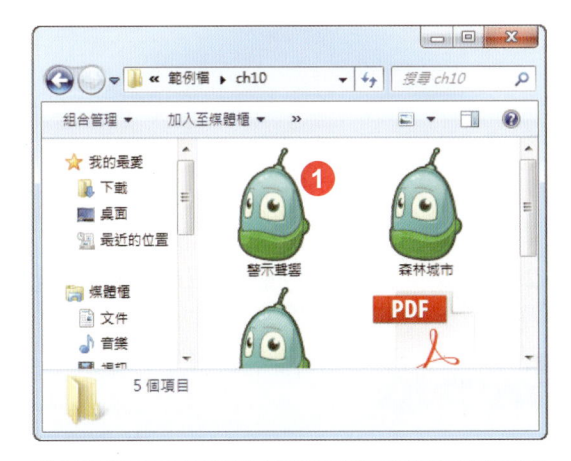

① 開啟範例檔 \ch10\ 警示聲響

② 點選 【角色工具】
③ 在【單輪車】按右鍵【編排程式】

183

❹ 程式說明

第 1 列程式：遊戲啟動就開始漫遊

第 2 列程式：當聽到 Kodu 時就移動向前

關主說：

在角色的【變更設定】可以修改【聽到】的距離

10-2.2 主角 Kodu

移動 Kodu 當靠近單輪車時，就會發出警示聲響。

❶ 點選 【角色工具】

❷ 在【Kodu】按右鍵【編排程式】

關主說：

Kodu 行動較緩慢，並且難以爬行陡峭的山坡

❸ 程式說明

第 1 列程式：鍵盤移動快速 + 快速

第 2 列程式：當很接近聽到單輪車時，就播放聲音

關主說：

當二個角色很靠近時，才會作用

❹ 遊戲啟動時，當二個角色靠近時，才會發出警示聲音

10-3 瞬間移動

二個距離遙遠的國度，使用小叮噹的任意門，就能瞬間移動，到達遙遠的場景。

10-3.1 瞬間移動的單輪車

單輪車在圓形場景，要到對面矩形的場景，必須經由砲台的傳送，才能到達對面。

❶ 開啟範例檔 \ch10\ 快速傳送

❷ 點選【角色工具】
❸ 點選【單輪車】按右鍵【編排程式】

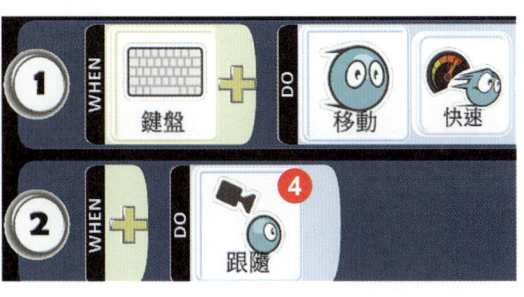

❹ 程式說明
第 1 列程式：鍵盤移動快速
第 2 列程式：攝影視角【跟隨】

關主說：
攝影視角有三種狀態

跟隨　　忽略　　第 1 人稱

❺ 點選【單輪車】按右鍵【變更設定】

關主說：
【變更設定】是角色的功能調整

❻ 啟動【可創造】角色才能進行傳送工作

10-3.2 紅色砲台創造單輪車

單輪車設定【可創造】時，遊戲一開始就會消失，因此運用紅色砲台創造第 1 台單輪車。

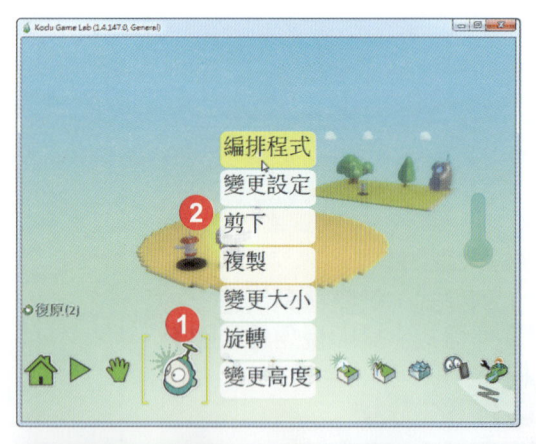

❶ 點選【角色工具】
❷ 點選【紅色砲台】按右鍵【編排程式】

❸ 直接創造單輪車 1 次

10-3.3 藍色砲台讓單輪車消失

當單輪車碰到藍色砲台時，就會消失。

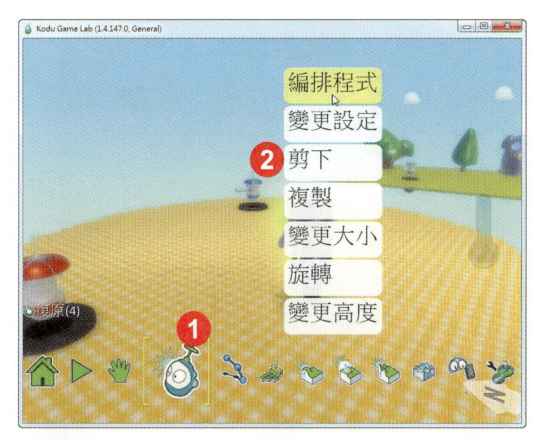

❶ 點選 【角色工具】
❷ 點選【藍色砲台】按右鍵【編排程式】

❸ 程式說明
第 1 列程式：碰到單輪車時，單輪車就會消失
第 2 列程式：記錄黑色分數 1 分一次

10-3.4 綠色砲台創造單輪車

當單輪車碰到藍色砲台時，就會消失時，黑色分數記錄 1 分，而綠色砲台偵測黑色分數 1 分時，就創造單輪車，就完成了瞬間移動的效果。

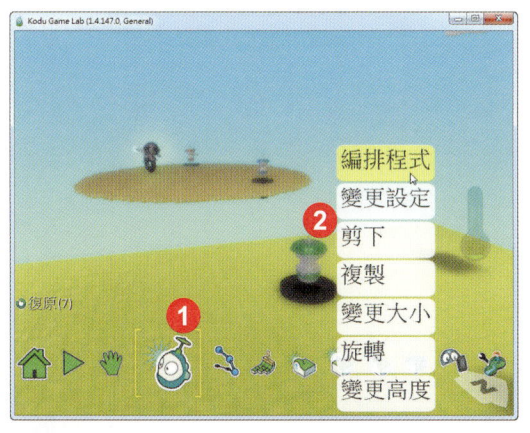

❶ 點選 【角色工具】
❷ 點選【綠色砲台】按右鍵【編排程式】

❸ 程式說明
第 1 列程式：當黑色數等於 1 分時，就創造單輪車一次

10-3.5 開始玩遊戲

1. 遊戲啟動時，圓形場景創造單輪車

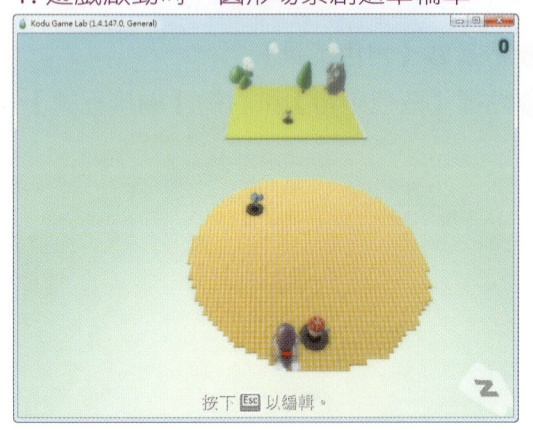

2. 單輪車移動碰到藍色砲台時

3. 單輪車就瞬間移動到矩形場景了

10-4 夜行戰士

夜行戰士（人造衛星）在黑夜裡面鬼火在閃爍飛行，面對不斷出現的水雷（mine），要避開水雷的攻擊，吃到蘋果會補充生命值，當生命值等於 0 時就輸了。

10-4.1 變更黑夜模式

將世界變成黑夜模式時，則角色就要設定發亮效果，並且搭配鬼火，讓場景有神秘感。

① 開啟範例檔 \ch10\ 夜行戰士

② 點選【移動攝影機】調整視角

③ 點選【變更世界設定】

④ 選取【天空：2】黑夜模式

10-4.2 遊戲開場說明

啟動遊戲時，會顯示對話框的使用說明，指定砲台角色設定對話框功能。

❶ 點選 【物件工具】
❷ 點選在砲台按右鍵【編排程式】

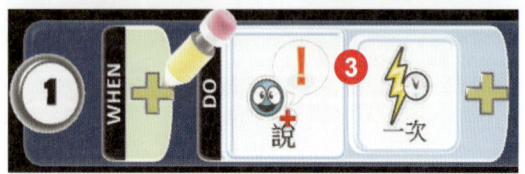

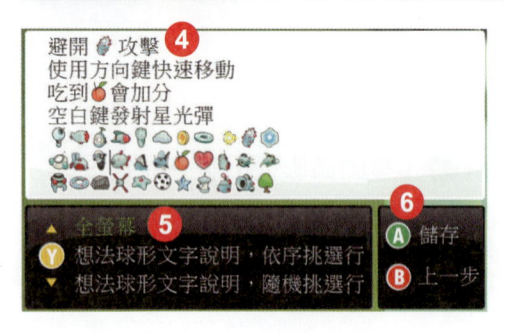

❸ 加入說話一次

❹ 加入操作說明文字
❺ 選取全螢幕，就是全部暫停，顯示對話框文字，看完點選繼續時，遊戲才會開始
❻ 點選 Ⓐ【儲存】

關主說：

對話框出現的角色圖示設定方法，使用英文名稱 <apple> 輸入前後加上 <> 就會出現蘋果🍎了。

角色英文名稱對照表夜行戰士

balloon	blimp	kodu	ammo	castle	cloud	coin
cursor	drum	factory	cycle	fish	ship	flyfish
apple	heart	hut	jet	light	mine	pushpad
puck	rock	sputnik	saucer	ball	star	stick
sub	cannon	tree	turtle	wisp		

10-4.3 人造衛星程式碼

人造衛星就是我們的主角夜行戰士。

1. 點選 【物件工具】
2. 點選在【人造衛星】按右鍵【編排程式】

關主說：

若是在【變更設定】設定【無敵】時，則人造衛星就變成無敵超人，永遠打不死了

無敵

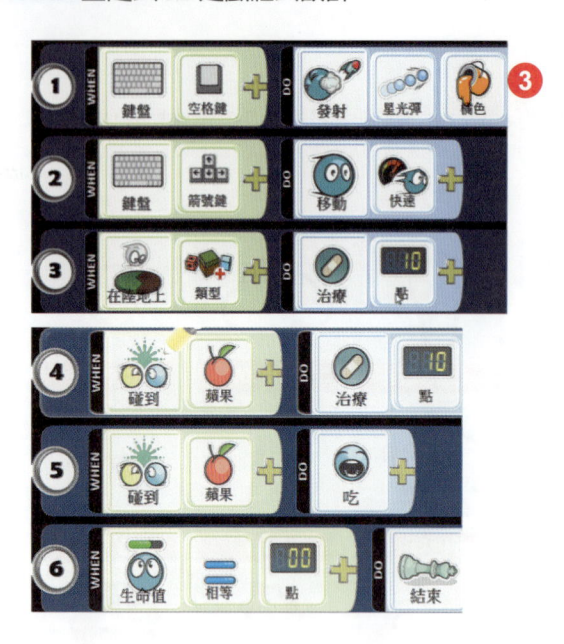

3 程式說明

第 1 列程式：空白鍵發射橘色星光彈

第 2 列程式：方向鍵快速移動

第 3 列程式：碰在綠色土地治療生命值 10 點

第 4 列程式：碰到蘋果治療生命值 10 點

第 5 列程式：碰在蘋果吃掉它

第 6 列程式：生命值等於 0 時就輸了

10-4.4 敵人水雷

水雷設定可創造，讓熱汽球每 5 秒創造一個水雷，就會有源源不絕的敵人。

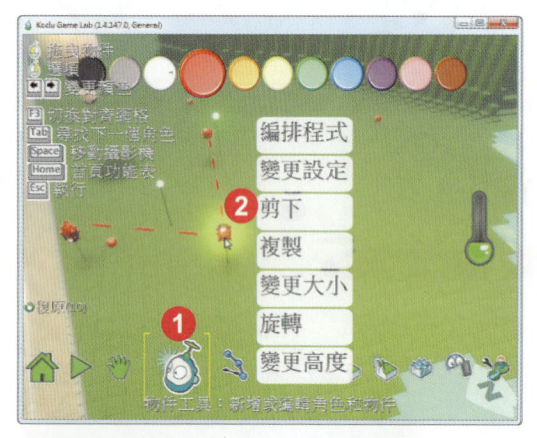

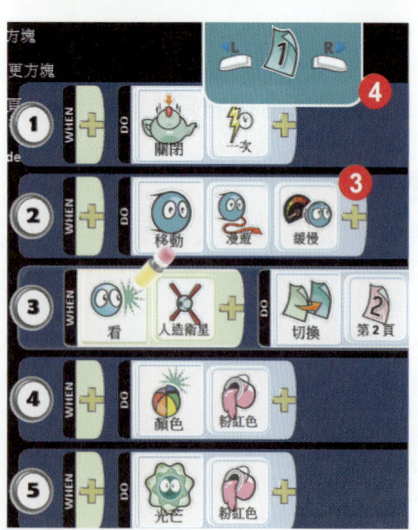

1 點選【物件工具】

2 點選在【水雷】按右鍵【編排程式】

關主說：

水雷的可創造請在【變更設定】中啟動它
複製可創造的二個水雷時，就會有相同的
程式碼，並且有虛線顯示，表示是一組的

3 第 1 頁程式說明

第 1 列程式：關閉 1 次

第 2 列程式：緩慢漫遊移動

第 3 列程式：看到人造衛星切換到第 2 頁程式

第 4 列程式：顏色設為粉紅色

第 5 列程式：發出粉紅色光芒

4 點選 切換至第 2 頁

森林城市 主題10

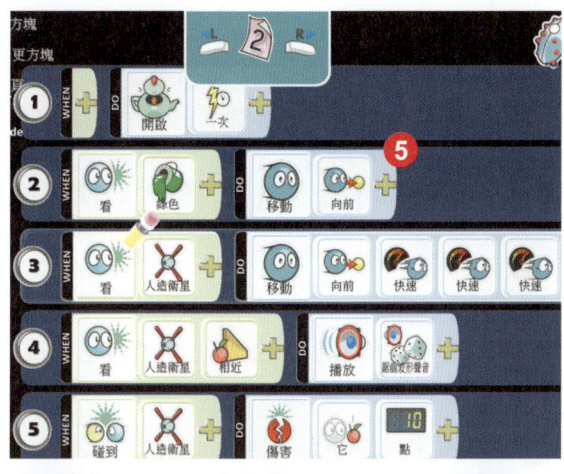

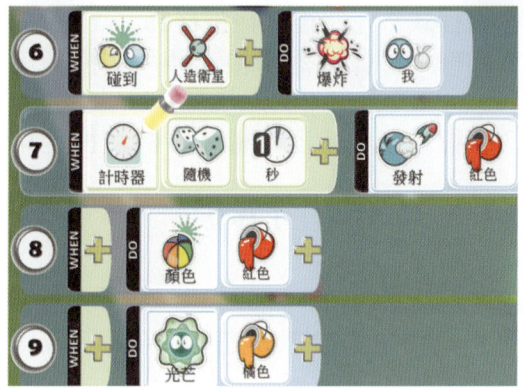

5 第2頁程式說明
第1列程式：開啟1次
第2列程式：看到綠色移動向前
第3列程式：看到人造衛星超快向前移動
第4列程式：看到人造衛星靠近播放音效
第5列程式：碰到人造衛星則傷害它10點生命值
第6列程式：碰到人造衛星則自己爆炸
第7列程式：計時器隨機1秒發射紅色飛彈
第8列程式：變更為紅色
第9列程式：發出橘色光芒

關主說：
在黑夜場景，因此角色建議設定光芒效果

10-4.5 漂移的鬼火

主要在營造氣氛使用，設定可創造，就可以不斷的被創造，並運用程式碼不同頁面，讓鬼火移動方向是不固定的。

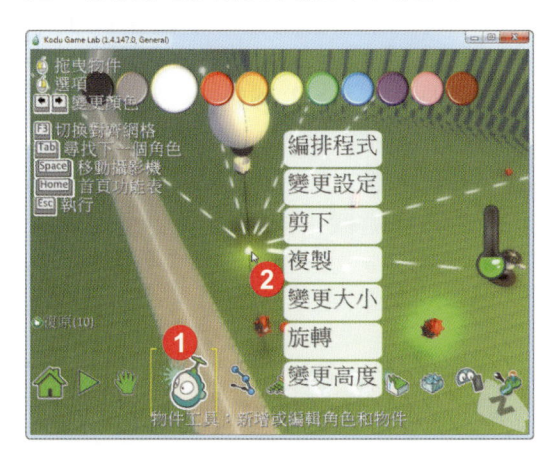

1 點選【物件工具】
2 點選在【鬼火】按右鍵【編排程式】

193

❸ 第 1 頁程式說明

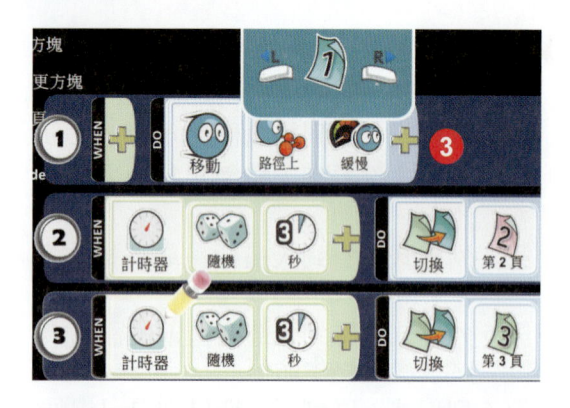

第 1 列程式：在路徑上緩慢移動

第 2 列程式：計時器隨機 3 秒內切換至第 2 頁

第 3 列程式：計時器隨機 3 秒內切換至第 3 頁

🧑‍💻 關主說：

鬼火程式碼會隨機不固定切換至第 2 或第 3 頁

❹ 第 2 頁程式說明

第 1 列程式：在路徑上緩慢移動

第 2 列程式：計時器隨機 3 秒內切換至第 1 頁

第 3 列程式：計時器隨機 3 秒內切換至第 3 頁

第 4 列程式：往【上】移動

🧑‍💻 關主說：

鬼火程式碼會隨機不固定切換至第 1 或第 3 頁

❺ 第 3 頁程式說明

第 1 列程式：在路徑上緩慢移動

第 2 列程式：計時器隨機 3 秒內切換至第 1 頁

第 3 列程式：計時器隨機 3 秒內切換至第 2 頁

第 4 列程式：往【下】移動

🧑‍💻 關主說：

鬼火程式碼會隨機不固定切換至第 1 或第 2 頁

10-4.6 熱汽球創造水雷

熱汽球沿著路徑移動,每 5 秒創造一個敵人水雷,一直重複在創造水雷。

① 點選【物件工具】

② 點選在【熱汽球】按右鍵【編排程式】

③ 程式說明

第 1 列程式:在白色路徑上緩慢移動

第 2 列程式:計時器 5 秒創造水雷

關主說:

第 2 列程式沒有設定 1 次,因此每隔 5 秒就會創造水雷

主題10課後練習

請設計單輪車（cycle）對話框練習，當單輪車吃掉 5 個蘋果，得 5 分時，就會顯示對話框，看完對話框，點選 Ⓐ【繼續】時，才能繼續玩遊戲。

1. 方向鍵操控單輪車移動，吃掉蘋果

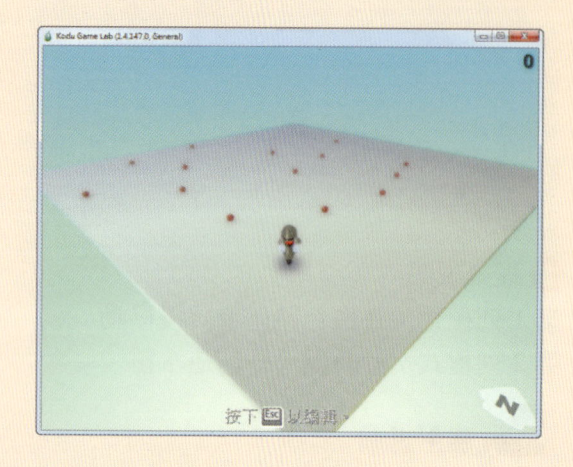

2. 當得到 5 分時，則顯示對話框，點選 Ⓐ【繼續】時，才能繼續玩

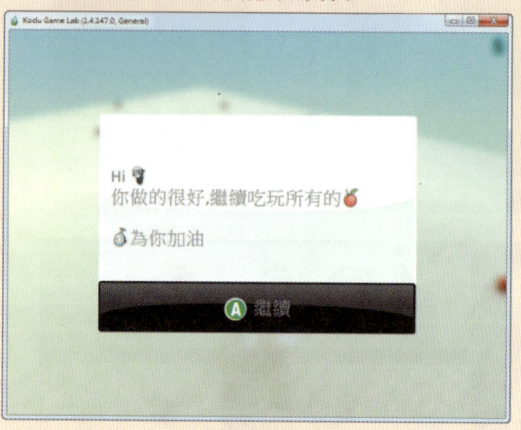

MEMO

MEMO

MEMO

MEMO

書　　名	**Kodu 主題式3D 遊戲程式設計**
書　　號	PB30401
版　　次	2017年 6月初版 2021年 9月二版
編 著 者	呂聰賢
總 編 輯	張忠成
責任編輯	靚螢文化-徐螢箴
校對次數	7次
版面構成	楊蕙慈
封面設計	楊蕙慈
出 版 者	台科大圖書股份有限公司
門市地址	24257新北市新莊區中正路649-8號8樓
電　　話	02-2908-0313
傳　　真	02-2908-0112
網　　址	tkdbooks.com
電子郵件	service@jyic.net
版權宣告	**有著作權　侵害必究** 本書受著作權法保護。未經本公司事前書面授權，不得以任何方式（包括儲存於資料庫或任何存取系統內）作全部或局部之翻印、仿製或轉載。 書內圖片、資料的來源已盡查明之責，若有疏漏致著作權遭侵犯，我們在此致歉，並請有關人士致函本公司，我們將作出適當的修訂和安排。
郵購帳號	19133960
戶　　名	台科大圖書股份有限公司 ※郵撥訂購未滿1500元者，請付郵資，本島地區100元 / 外島地區200元
客服專線	0800-000-599

國家圖書館出版品預行編目資料

Kodu主題式3D遊戲程式設計/呂聰賢編著.
-- 二版. -- 新北市：台科大圖書股份有限公司
　　2021.09　　面；　公分
　　ISBN 978-986-523-321-1（平裝）

1.電腦教育 2.電腦遊戲 3.電腦動畫設計 4.中小學教育

523.38　　　　　　　110014394

PChome商店街
JY國際學院

博客來網路書店
台科大圖書專區

總　公　司	02-2908-5945	
台中服務中心	04-2263-5882	
台北服務中心	02-2908-5945	
高雄服務中心	07-555-7947	

線上讀者回函
歡迎給予鼓勵及建議
tkdbooks.com/PB30401